U0076687

雞尾酒手帳
Cocktail Encyclopedia For Gourmet

前言

　　本書刊載的 130 種雞尾酒，原則上是以基本酒款為主選出的。但其中也有部分是我個人的特製雞尾酒，這該算是監修者的特權吧；其他的雞尾酒，就都是以到任何酒吧都能做出來的基本酒款。

　　在使用本書時，可以像是飯店菜單一般來看，先想想下次去酒吧時要喝什麼；或是把這本小小的手帳放進口袋裡，到了酒吧門口時偷偷看看；或是第一次品嘗雞尾酒的人，可以輕鬆地使用在各種不同的場裡。到日本旅遊的人如果想去酒吧走走，則書末的「推薦日本全國精選 BAR」應該可以提供各位足夠的參考。

　　各種雞尾酒的介紹頁裡，有配方和製作方式。部分雞尾酒不容易在家裡做，但就算沒有雪克杯和刻度調酒杯等的工具，還是有許多只要倒入杯中就可以完成的雞尾酒。希望各位能夠感受到調製雞尾酒的樂趣，而不只是品嘗雞尾酒的樂趣。不論是調酒或是飲用，接觸到雞尾酒時最重要的事是 "享受"。如果因為有本書在手，而能夠讓更多的人士享受到雞尾酒的樂趣，那就會是身為監修者、身為調酒師的最大快樂。

此外，也務請仔細看看本書的圖片。因為我絕對信任這位能夠把雞尾酒拍得最美的人－攝影師高田浩行先生，因此千託萬請之下請他來掌鏡。"觀賞酒的色澤"也是品嘗雞尾酒的樂趣之一，因為高田先生，整本書精美迷人，讓雞尾酒的美感完整地傳達給所有的讀者。

　　只要把 2 種以上的材料混合，便是雞尾酒。完全不需要把雞尾酒想像到很難，只知道了雞尾酒的名稱和配方、來源，樂趣將更增一等。如果本書能協助您踏進雞尾酒的世界，則是我最大的榮幸。

2010 年 3 月吉日

上田和男

酒精度 & 味道矩陣

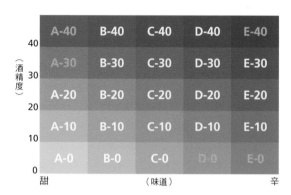

40	A-40	B-40	C-40	D-40	E-40
30	A-30	B-30	C-30	D-30	E-30
20	A-20	B-20	C-20	D-20	E-20
10	A-10	B-10	C-10	D-10	E-10
0	A-0	B-0	C-0	D-0	E-0

（酒精度）　　　　　　　　　　　　　　　（味道）

甜　　　　　　　　　　　　　　　　　　辛

A-0 墨西哥牛奶（香甜酒）▶ P.133 ／禁果（香甜酒）▶ P.145

A-10 白蘭地蛋酒（白蘭地）▶ P.52 ／綠色蚱蜢（香甜酒）▶ P.136 ／瓦倫西亞（香甜酒）▶ P.144 ／冰鎮薄荷（香甜酒）▶ P.146

A-20 亞歷山大（白蘭地）▶ P.38 ／金色凱迪拉克（香甜酒）▶ P.137

B-0 綠寶石冰酒（琴酒）▶ P.62 ／冰鎮葡萄酒（葡萄酒）▶ P.164

B-10 新加坡司令（琴酒）▶ P.67 ／冰凍草莓代基里（蘭姆酒）▶ P.109 ／龍舌蘭日出（龍舌蘭）▶ P.123 ／查理卓別林（香甜酒）▶ P.141

B-20 天堂樂園（琴酒）▶ P.74 ／巴黎戀人（琴酒）▶ P.75

B-30 生鏽鐵釘（威士忌）▶ P.33 ／黯淡的母親（白蘭地）▶ P.45 ／法蘭西集團（白蘭地）▶ P.54 ／黑色俄羅斯（伏特加）▶ P.95 ／法蘭西仙人掌（龍舌蘭）▶ P.124

B-40 B&B（白蘭地）▶ P.50

C-0 城市珊瑚（琴酒）▶ P.66（糖口杯）／尼克費斯（琴酒）▶ P.72 ／杏果冰酒（香甜酒）▶ P.132 ／金巴利柳橙（香甜酒）▶ P.134 ／金巴利蘇打（香甜酒）▶ P.135 ／斯普莫尼（香甜酒）▶ P.142 ／中國藍（香甜酒）▶ P.143 ／紫羅蘭費斯（香甜酒）▶ P.143 ／美國人（葡萄酒）▶ P.152 ／美國人（葡萄酒）▶ P.153 ／金巴利啤酒（啤酒）▶ P.156 ／薑汁啤酒（啤酒）▶ P.157 ／斯伯利特（葡萄酒）▶ P.159 ／貝里尼（葡萄酒）▶ P.160 ／黑絲絨（啤酒）▶ P.161 ／含羞草（香甜酒）▶ P.162 ／紅眼（啤酒）▶ P.163 ／冰鎮薩拉托加（無酒精）▶ P.166 ／灰姑娘（無酒精）▶ P.167 ／純真微風（無酒精）▶ P.168 ／佛羅里達（無酒精）▶ P.169

4

●目次

白蘭地基酒

琴酒基酒

伏特加基酒

蘭姆酒基酒

葡萄酒、香檳、啤酒基酒

提醒您：飲酒過量，有害健康。未成年請勿飲酒

基酒名稱
顯示使用的基酒種類

口味
●愈向左靠表示口味愈甜（甘口）；向右則屬於辛口，但這只是作為一般的參考。實際上對口味的感受因人而異。

英文名稱

雞尾酒名
監修上田和男獨創的雞尾酒前方會有☆號。

酒精度
這個數值只是概算的值，實際上會因為使用的酒和材料、冰塊的量多寡而出現差異。

配方
標示雞尾酒的材料和分量。短飲型以分數標示；長飲型則是ml等的分量標示。
分數標示是，以一杯分量的雞尾酒總量為1，其中各種材料占的比例。例如，假設去除冰塊融出的水之後的純粹材料的總量為60ml，標示若是3/4就是45ml（60ml×3/4）的意思。分量標示的單位上，1tsp約5ml（1茶匙）；1dash約1ml（搖一次酒瓶，約4～5滴）。

雞尾酒的做法
簡單說明調製雞尾酒的方法。

技法

搖盪 ……………【Shake】搖動雪克杯，將冰塊和材料混合。為了不讓冰塊入杯，把杯蓋取下，在帶著隔冰器下倒入杯中。

攪拌 ……………【Stir】將冰塊和材料放入刻度調酒杯，使用吧叉匙加以攪拌，再放上隔冰器阻絕冰塊後倒入杯中。

直接注入 ………【Build】將材料直接倒入杯中，用吧叉匙攪拌。但「漂浮」就不攪拌。

電動攪拌機法 …【Blend】使用電動攪拌機來混合所有的材料。主要使用在冰凍型的雞尾酒上。

威士忌 基酒
Whisky base

威士忌 ·····················【Whisky】

　　使用大麥、裸麥、玉米等穀物為原料的蒸餾酒。來源已不可考，但一般多認為是11～12世紀前後，愛爾蘭製的蒸餾酒傳到蘇格蘭而成；威士忌的語源，則是蓋爾語中表示生命之水含意的「uisge-beatha」。主要的產地是蘇格蘭，以及愛爾蘭、美國、加拿大、日本。使用為雞尾酒材料時，如果配方上沒有指定，就可以使用自己偏愛的威士忌。

蘇格蘭威士忌

英國蘇格蘭生產的威士忌。因為原料和製法的不同，又可以分為穀物威士忌、純麥威士忌和調和式威士忌等三種。產地有低地、高地、斯佩塞、艾雷島等。「單一純麥」指的是在單一蒸餾廠內生產的酒；將好幾處蒸餾廠的純麥酒混合的產品，稱為「純麥威士忌」。具代表性的品牌，純麥的有百齡罈、起瓦士和Old Parr等；單一純麥則有格蘭利威、格蘭菲迪、麥卡倫等。

愛爾蘭威士忌

愛爾蘭生產的威士忌。可以大分為穀物威士忌和純麥威士忌這一點和蘇格蘭相同，但在烘乾麥芽時並未使用蘇格蘭威士忌使用的泥炭，因此沒有煙味；蒸餾的次數是3次，不同於蘇格蘭的2次。因此，特徵是柔順而輕快的口感。具代表性的品牌有尊美醇、杜拉摩、布希密爾等。

美國威士忌

美國生產的威士忌。原料的51％以上為玉米時，稱為「波本威士忌（高於80％時稱為玉米威士忌）；使用裸麥的則稱為「裸麥威士忌」。此外，如傑克丹尼等田納西州生產的威士忌，則另有「田納西威士忌」之稱，雖然有些人認為是波本同系，但製法上有些差異。波本主要在肯塔基州波本郡生產，代表性的品牌有野火雞、四玫瑰、金賓、I.W.Harper等。

加拿大威士忌

加拿大生產的威士忌，特徵是沒有異味的輕快香味，大多是調和式威士忌。代表性的品牌有加拿大會所、Crown Royal、Seagram等。

日本威士忌

日本生產的威士忌。具有近似蘇格蘭威士忌的風味，也得到全球的高度評價。代表性品牌有山崎、余市、白州、竹鶴等。

威士忌沙瓦

Whisky

在威士忌裡
加入酸味
帶來清爽的味覺

技法 搖盪

Recipe

威士忌	45ml
檸檬汁	20ml
糖漿	1tsp
檸檬片	1片

◎將材料搖盪後倒入加了冰塊的沙瓦杯中，以檸檬片妝點。

　　Sour 沙瓦本身是「酸」的意思。這是一杯加了檸檬的酸味，具有柔順清爽味道的雞尾酒。將基酒改為白蘭地的話，就是「白蘭地沙瓦」（P.53）；使用琴酒、蘭姆酒來做一樣美味；可以加入少許蘇打水來壓低酒精度。

　　J.A. 康拉斯著《威士忌沙瓦》一書中，正因為女主角的名字是傑克（賈克琳）丹尼，也就是著名波本威士忌的名稱，因此常出現有人送該酒給女主角做成沙瓦飲用的情節；只可惜小說的情節和雞尾酒無關。這是本芝加哥警局的警部補傑克追緝連續殺人犯的正統推理小說。

酒精度
10度

口味

甘口 ⬭ 辛口

威士忌蘇打

現在最夯中
碳酸風味清爽的
輕型雞尾酒

技法 **直接注入**

Recipe

威士忌···························· 30ml
蘇打水····························適量

◎將冰塊放入平底杯中再注入威士
忌，接下來加滿冰蘇打水輕輕攪拌
一下。

就是威士忌加蘇打，用蘇打水稀釋威士忌的意思。
也有「Scotch Highball」「Bourbon Highball」等
的名稱。Highball 一詞的由來眾說紛紜，以高爾夫
用語來的說法，以及美國鐵路使用的球形信號機等說
法最有名。

日本曾在昭和 30 年代流行過這 Highball，但之後
威士忌銷售量大減，連這款雞尾酒的存在都快被忘光
了。不過在 2009 年時，三得利在主力商品「角瓶」
的電視廣告上起用女星小雪，主打 Highball 的飲用
方式後大紅特紅，放置 Highball 的店家也大為增加。

酒精度
10度

口味

甘口 ⬤ 辛口

飲用方式自由自在
但先從外觀
欣賞起

技法　**直接注入**

Recipe

威士忌·····························30ml
水·······························適量

◎將水注入已放好冰塊的平底杯中，再以吧叉匙阻擋徐徐注入威士忌。

　　清澈透明的清水上方，漂浮著琥珀色的威士忌，是杯色彩對比極美的雞尾酒。這主要是利用液體比重差異來製作，因此要儘量靜靜地注入威士忌，這是成敗的關鍵。使用蘇打而不用水也可以。

　　飲用時，先輕輕地以嘴啜飲；嘗過純威士忌的味道之後，接著嘗加冰塊的味道，最後則是加水之後的風味。可以花些時間，慢慢品嘗3種不同的風味。此外，日本人大都以加了冰塊的杯中加水來飲用威士忌，但如果想要喝出味道和香氣，則推薦不加冰，只以水和威士忌1：1比例做出的「Twice up」。

酒精度
27度

口味

甘口 ⬤ 辛口

老朋友

在威士忌裡
加入少許甘甜
和些許苦味

技法 攪拌

Recipe

裸麥威士忌………………………	1/3
乾苦艾酒………………………	1/3
金巴利酒………………………	1/3

◎將材料放入刻度調和杯中攪拌，
再注入雞尾酒杯中。

　　Old Pal 是「老朋友」的意思。在美國是 1920 年
頒布禁酒法之前就有人飲用的古老雞尾酒。威士忌的
香氣、金巴利微微的苦味和苦艾酒的味道融為一體，
會在舌尖留下淡淡的甘甜。深紅色的色澤也極美，是
喜歡沉穩感覺的大人最搭調的一杯。

　　基酒是裸麥威士忌，指的是原料超過 51% 是裸麥的
威士忌。製法和波本相同，因此波本的著名品牌「野
火雞」「金賓」等，也都有生產同名的裸麥威士忌。
裸麥威士忌辛辣感較重且濃郁，異於以玉米為主原料
的波本。

古典雞尾酒

Whisky

自己調配
自己喜歡的
甜味和酸味

技法 **直接注入**

Recipe

威士忌	45ml
方糖	1個
苦精	2dashes
檸檬、柳橙、萊姆	各1片

◎在杯中放入方糖後搖動苦精，加入大量碎冰後注入威士忌，再放入裝飾用的水果片以及攪拌棒。

　　使用杯中的攪拌棒來攪溶方糖，或是按押水果，來調整出自己喜歡的口味後飲用的雞尾酒。威士忌使用裸麥或波本。

　　這種雞尾酒誕生的最有力說法，是19世紀中葉以肯塔基大賽馬聞名的路易維爾市的「Pendennis club」酒吧，由酒保為賭馬的老客人想出來的配方；但也有英國首相邱吉爾母親珍妮・傑洛姆創作的另一說。不論來自何者，這款都是長期備受喜愛的標準雞尾酒之一。

　　指加冰塊酒杯之意的「Old Fashionde glass（老式酒杯）」名稱，便是來自於此款雞尾酒。

酒精度	
32度	

口味
甘口 ⬤ 辛口

☆ 國王谷

Whisky

由色彩魔術師調出的
美麗綠色
1986年的首獎作品

技法 搖盪

Recipe

蘇格蘭威士忌··············	4/6
白柑橘香甜酒··············	1/6
萊姆汁······················	1/6
藍柑橘香甜酒··············	1tsp

◎將材料依序放入後搖盪，再注入
雞尾酒杯中。

　　不使用綠色而調出鮮豔綠色，這就是本書監修上田
氏之所以被稱為"色彩魔術師"的作品，也是1986
年第1屆蘇格蘭威士忌雞尾酒大賽獲得首獎的作品。

　　國王谷這個名稱，是以釀造蘇格蘭威士忌的深山溪
谷形象創造的。和「山谷之王」名稱極為符合的綠
色，是來自於威士忌和藍柑橘香甜酒的調和。萊姆的
突出風味帶來了清爽的味覺。

　　蘇格蘭威士忌一搖盪之後，就會產生一股獨特的苦
味。銀座的調酒師，使用「Whyte and Mackay」
「Old Parr」這二款威士忌，便不會出現那股苦味。

教父

酒精度
34度

口味

甘口 ⬤ 辛口

口感極佳
甘美芳醇的
大人們的雞尾酒

技法 **直接注入**

Recipe

威士忌······················· 45ml
杏仁香甜酒··················· 15ml

◎在老式酒杯裡放入冰塊和材料後攪拌。

　　杏仁香甜酒是使用杏仁製作的義大利香甜酒，以杏仁特有的帶甜香氣和味道為特徵。將杏仁香甜酒加入威士忌後，二者的馥郁香氣融為一體，而且成為口感滑順的雞尾酒。威士忌的種類並無特別指定，但通常以蘇格蘭威士忌為主。此外，基酒改為伏特加之後便是「教母」（P.89）。

　　名稱是來自於 1972 年上映的電影「教父」。這部不朽的名片極富盛名，是描寫在美國的義大利黑手黨的故事。教父的原意，是在基督教的洗禮儀式上的男性保證人之意。

酒精度
14度

口味
甘口 ⚪—— 辛口

John Collins
約翰柯林斯

Whisky

最適盛夏飲用
清涼爽口的
長飲型雞尾酒

技法 __搖盪__

Recipe

波本威士忌	60ml
檸檬汁	20ml
糖漿	2tsp
蘇打水	適量

◎將蘇打水之外的材料搖盪後注入
杯中，加冰再加蘇打水滿杯後輕輕
攪拌。

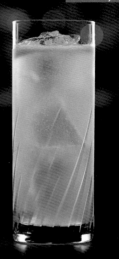

在蒸餾酒裡加入檸檬汁和甜味，再注滿蘇打水的飲料，稱為「Collins 柯林斯」。約翰柯林斯為使用荷蘭琴酒調製，但在 1930 年代之後改為使用乾琴酒，現在則是使用威士忌調製的稱為約翰柯林斯，而使用琴酒調製的則稱為「湯姆柯林斯」（P.71）。至於使用琴酒之外的蘭姆酒或伏特加調製時，則一如此酒的別名「威士忌柯林斯」，冠上該蒸餾酒的名稱即可。

名稱的來源，則是以 19 世紀時倫敦的著名調酒師約翰柯林斯創造出來的一說最為著稱。

酒精度
25度

口味

甘口 ⬤ 辛口

有深度的色澤
明確的味道
都會夜晚的良伴

技法 **搖盪**

Recipe

威士忌	3/4
萊姆汁	1/4
石榴糖漿	1/2tsp
糖漿	1tsp

◎將材料搖盪後注入雞尾酒杯中，
再視個人喜好加入橘子皮。

　　不必說都聞名全球的美國大都會－紐約，此款便是冠上紐約之名的雞尾酒。威士忌也大都使用美國的裸麥或波本威士忌。

　　要調出令人連想到都會夜景的深沉橙色，關鍵就在於石榴糖漿的量，放多了會成為粉紅色，應注意。味道上因為萊姆汁的酸味而有著清爽的味覺，但就因為配方極為簡單，因此基酒的威士忌不同，味道就會有差異。不只是這紐約，欣賞各酒吧不同的味道，也是雞尾酒的樂趣之一。如果要自己調，除了要再三測試不同的基酒之外，也需要視喜好來調整酸味和甜味的比例。

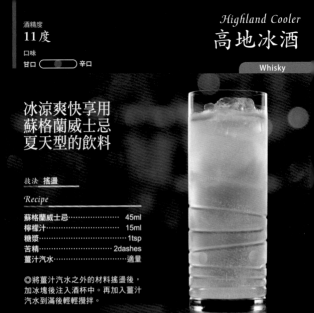

酒精度
11度

口味

甘口 ⬤ 辛口

Highland Cooler
高地冰酒

Whisky

冰涼爽快享用
蘇格蘭威士忌
夏天型的飲料

技法 搖盪

Recipe

蘇格蘭威士忌	45ml
檸檬汁	15ml
糖漿	1tsp
苦精	2dashes
薑汁汽水	適量

◎將薑汁汽水之外的材料搖盪後，
加冰塊後注入酒杯中。再加入薑汁
汽水到滿後輕輕攪拌。

　　這是冠上蘇格蘭威士忌原產地－蘇格蘭的高地地方
之名的雞尾酒。高地地方生產的威士忌以「高地純
麥」聞名，但因為區域廣大，各個蒸餾所的個性差異
也大，味道多元多樣。話雖如此，但這高地冰酒並沒
有限定必須使用高地生產的威士忌。

　　名稱上只要有「冰酒」字樣的雞尾酒，就一定是富
有清涼感，屬於夏季的飲料。通常是指在蒸餾酒裡加
入酸味和甜味，再加滿汽水的飲料；但也有如「冰鎮
薩拉托加」（P.166）般的無酒精飲料。

熱威士忌托迪

Whisky

帶有甜味的熱飲
讓身體暖和
是冬天的最愛

技法　**直接注入**

Recipe

威士忌	45ml
熱水	適量
方糖	1顆
檸檬片	1片
丁香	2～3粒

◎將威士忌加入有杯架的溫熱平底杯中，再加滿熱水。再加入方糖、檸檬片和丁香。

　　在蒸餾酒中加糖，再加滿熱開水或冷水的飲料稱為「Toddy 托迪（原意為椰子酒）」型態。部分配方會使用蜂蜜取代砂糖，但重點是要使用熱水或冷水來稀釋並加入甜味的飲料。用冷水調製時，則把熱字拿掉為「威士忌托迪」。基酒也可以使用白蘭地、蘭姆、琴酒、龍舌蘭來替換，但如果是用熱水調製，就像「熱白蘭地托迪」般，將名稱中的基酒名稱換成使用的蒸餾酒即可。

　　飄散出的水蒸汽裡有著丁香刺鼻的甜甜香氣，砂糖的甜味十分容易入口，讓身體暖到底。這款是冬天的代表性雞尾酒，在家裡自己調來作為睡前酒也不錯。

瑪咪泰勒
Mamie Taylor

酒精度
10度

口味
甘口 ▭▬▭ 辛口

Whisky

淡淡的酸味和
薑汁汽水
入喉清爽宜人

技法 **搖盪**

Recipe

蘇格蘭威士忌	45ml
檸檬汁	20ml
薑汁汽水	適量

◎在杯中加冰，再注入威士忌和檸
檬汁，再加入冰透的薑汁汽水後輕
輕攪拌。

　　別名為「蘇格蘭霸克」。在蒸餾酒裡加入檸檬汁和
薑汁汽水的配方稱為「Buck 霸克」型態，常見的分
別有「波本霸克」「琴霸克」「白蘭地霸克」「蘭姆霸
克」等。Buck 一詞有「Stag（公鹿）」的意思。據說
因為是酒勁強的飲料因而得名。

　　瑪咪泰勒的名稱來源不詳，瑪琍或瑪格麗特等女性
的名字，在美國都會暱稱為瑪咪，因此或許此款雞尾
酒當初是瑪咪泰勒小姐發明的也說不定。另外，因為
這個名稱，因此「琴霸克」也有「瑪咪姊妹」一稱。

酒精度
32度

口味
甘口 ⬤ 辛口

Whisky

優雅的口感
受到全球人士喜愛的
雞尾酒女王

技法 **攪拌**

Recipe

威士忌	3/4
甜苦艾酒	1/4
苦精	1dash
紅櫻桃	1 顆
糖漬檸檬皮	

◎將櫻桃和檸檬之外的材料攪拌，注入杯中。用雞尾酒籤叉住櫻桃沉入杯中，再放入檸檬皮。

　　苦精的淡淡苦味和甜苦艾酒的甜味，在香醇的威士忌包覆之下，形成了纖細的味道。是 19 世紀中葉之後就備受全球人士喜愛的標準雞尾酒，又被稱為 "雞尾酒女王"。順便一提，"雞尾酒之王" 則是琴酒基酒的「馬丁尼」(P.61)。

　　威士忌使用裸麥或波本，也有人用加拿大的，但不管用哪一種，都應該使用名稱來源的美國式威士忌。名稱的來源有各種說法，以來自曼哈頓夕陽之說，以及後來成為英國首相的柴契爾夫人之母，珍妮・傑洛姆發明的等說法較著名。

酒精度
34度

口味
甘口 ⚫ 辛口

Dry Manhattan
乾曼哈頓

Whisky

輪廓明顯的辛口
曼哈頓一變而為
男性化的雞尾酒

技法 **攪拌**

Recipe

威士忌	3/4
乾苦艾酒	1/4
苦精	1dash
橄欖	1顆

◎將橄欖之外的材料攪拌，注入杯中。用雞尾酒籤叉住橄欖沉入杯中。

　　將優雅的雞尾酒女王「曼哈頓」的甜苦艾酒改為乾苦艾酒之後，整體調性一變而為輪廓明顯的辛口「乾曼哈頓」。搭配著味道與色澤的變化，裝飾也由可愛紅櫻桃換為橄欖。部分配方改用薄哈櫻桃，也可以視喜好改用珍珠洋蔥。

　　甜與辛二者都加入的話，便會成為「中性曼哈頓」，味道也屬於二者之間，別名為「完美曼哈頓」，此酒的裝飾，多使用和曼哈頓相同的櫻桃。

Mint Julep
薄荷朱麗浦

酒精度
28度

口味

甘口 ◯◯ 辛口

Whisky

賽馬迷們愛喝
薄荷清爽宜人的
清涼飲料

技法 **直接注入**

Recipe

波本威士忌	60ml
糖漿	2tsp
薄荷葉	5～6片

◎將薄荷葉和糖漿放入柯林斯杯中，擠壓薄荷葉。杯中放滿碎冰後注入威士忌，充分攪拌後再以新的薄荷葉裝飾。放入2支吸管。

　　在杯中邊讓砂糖溶化邊擠壓薄荷葉，再放滿碎冰後製作的雞尾酒稱為「冰鎮薄荷酒」型，是美國南部歷史悠久的飲用方式。有記錄顯示1815年時，英國的一位船長在美國的農園內知道了這種飲用方式。除了使用波本威士忌的「薄荷朱麗浦」之外，還有「香檳薄荷酒」「蘭姆薄荷酒」，以及使用白蘭地與杏桃白蘭地的「喬治亞薄荷朱麗浦（Georgia Mint Julep）」等都很有名。

　　此款雞尾酒，也因為指定為肯塔基大賽馬的官方飲料而成名。照片使用的是該大賽的杯子，也是這個緣故。

生鏽鐵釘

酒精度
37度

口味
甘口 ⬤ 辛口

品嘗擁有悠久歷史的王室秘酒甘美的味道

技法 直接注入

Recipe

蘇格蘭威士忌	40ml
蜂蜜香甜酒	20ml

◎杯中放冰後注入威士忌和蜂蜜香甜酒，攪拌。

　　蜂蜜香甜酒是蘇格蘭威士忌加上蜂蜜、香草和香料等製造的香甜酒，來自於蓋爾語的「可以滿足的酒（dram buidheach）」，特色是甜味強烈味道深邃。傳說中是18世紀的蘇格蘭，查爾斯愛德華王子將王室秘傳的製法配方，賞賜給高地的約翰馬敬能氏之後傳世。

　　蘇格蘭威士忌與蘇格蘭威士忌製的酒混合的此款雞尾酒，蜂蜜香甜酒的甜味強，適合作為餐後酒。Rusty Nail是生鏽鐵釘的意思，有因為色澤類似而命名，與英國俗語「古色古香物品」等二種說法存在。

羅伯羅依

Whisky

冠以俠盜名稱的英國版曼哈頓

技法 **攪拌**

Recipe

蘇格蘭威士忌	3/4
甜苦艾酒	1/4
苦精	1dash
糖漬櫻桃	1 顆
檸檬皮	

◎將櫻桃和檸檬之外的材料攪拌，注入刻度調酒杯中攪拌。用雞尾酒籤叉住櫻桃沉入杯中，再放入檸檬皮。

　　將「曼哈頓」（P.30）的配方換成蘇格蘭威士忌即成；也和曼哈頓相同，將苦艾酒換成乾型的，就是「乾羅伯羅依」。

　　羅伯羅依是「紅髮羅伯特」的意思，是實際存在於17世紀後葉到18世紀初蘇格蘭高地地方的人士 Robert Roy MacGregor 的通稱。此人在蘇格蘭是個犯法份子，但同時也被視為英雄的人物。雞尾酒的創作人是英國倫敦的著名飯店「The Savoy」調酒師哈利克勞朵克。順便一提，該氏於1930年著作的雞尾酒書籍，至今仍被奉為調酒師的教科書。

白蘭地 基酒
Brandy base

白蘭地 ·················【Brandy】

　　以水果為原料的蒸餾酒的總稱，但單獨講「白蘭地」時，通常指的是葡萄酒的蒸餾酒，一般認為語源來自於荷蘭語"燃燒的酒"意思的「Brandewijn」一詞。白蘭地的起源不明，但有12～13世紀在歐洲，醫師和鍊金術師蒸餾葡萄酒的記錄留傳下來。白蘭地全球都有生產，但以法國的干邑最負盛名。葡萄蒸餾酒之外的水果白蘭地也多見用在雞尾酒上。

干邑

在法國西南部干邑地方（Cognac）的法定區域內，使用栽培的Saint-Emilion種白葡萄為原料釀製的白蘭地；雅邑也一樣，法國為了保持白蘭地的品質，以法律對產地、葡萄品種、蒸餾法等做了詳細地的規定，只有符合規的產品，才能夠冠上干邑或雅邑。代表性的品牌有人頭馬、卡慕（Camus）、軒尼詩等。而按照陳放的年數，則有V.O、V.S.O.P、X.O、Extra、拿破崙等的標示。

雅邑

在法國南部雅邑地方（Armagnac）的法定區域內生產的酒。以Saint-Emilion種、Folle Blanche種葡萄為原料；和干邑相比，雅邑有著清新的口感和強烈的香氣。代表性的品牌有夏堡（Chabot）等，但因為干邑實在太過有名，因此雅邑的知名度較低。

蘋果白蘭地

將蘋果酒（Cider）蒸餾後做出的白蘭地。代表性的品牌是卡爾瓦多斯（Calvados），但可以冠上此「Calvados」之名的，只有法國諾曼地地方生產的酒。美國的Applejack也極有名。

其他

將葡萄搾汁後的殘渣發酵產生酒精後蒸餾製造的義大利Grappa，以及法國的Marc等也是白蘭地。其他只要是使用水果釀造的蒸餾酒都算是白蘭地，在法國則總稱為「Eau-de-vie de fruit」。

亞歷山大

Brandy

芳醇的巧克力味道連不喝酒的人都會被征服…？

技法 **搖盪**

Recipe

白蘭地	2/4
白可可香甜酒	1/4
鮮奶油	1/4

◎將材料充分搖盪，注入雞尾酒杯中。視喜好灑些肉豆蔻。

　　白蘭地甘美的香氣，搭配上滑順的鮮奶油和白可可香甜酒極為對味，像是在品嘗高級巧克力蛋糕一般。據說此款是英國國王愛德華 7 世奉給亞歷珊卓王妃的雞尾酒，開始時稱為「亞歷珊卓」的雞尾酒，不知何時成為「亞歷山大」這男性名稱了。以乾琴酒取代白蘭地，再以薄荷香甜酒取代白可可香甜酒，便會成為「亞歷山大之妹」的雞尾酒了。

　　1962 年制作的電影『醉鄉情斷／相見時難別亦難』片中，男主角推薦此酒給不會飲酒的妻子，不久後她酒精中毒…。切勿飲酒過量！

酒精度
26度

口味
甘口 ⬤ 辛口

Olympic
奧林匹克

Brandy

清爽的香氣與味道
為奧運選手的
優秀表現乾杯！

技法 搖盪

Recipe

白蘭地	1/3
柑橘香甜酒	1/3
柳橙汁	1/3

◎將材料依序放入搖盪，注入雞尾
酒杯中。

　　說到奧運，每個人都知道是每 4 年舉辦一次的運動盛會；而這款雞尾酒，就是「麗池酒店」為了紀念 1900 年舉辦的巴黎奧運而創作出的。白蘭地加上柳橙汁的清爽和柑橘酒的香氣，是一杯既有著豐富果味和甘甜，又有深度的雞尾酒。華麗的色澤令人愉悅，最適合為參賽選手祝福，也適合為獲牌選擇祝賀。當然，此款也可以作為自己要做有決定性的事前，或在事後的滿足感下來上一杯。

　　柳橙汁可以使用市售的果汁，但使用現搾的新鮮果汁來做將更加美味。

卡瓦多斯雞尾酒

Brandy

蘋果和柳橙
任誰都會喜歡的
2種水果酒的調和

技法 **搖盪**

Recipe

蘋果白蘭地（卡爾瓦多斯）	⋯⋯ 2/6
白柑橘香甜酒	⋯⋯⋯⋯⋯⋯ 1/6
柳橙苦精	⋯⋯⋯⋯⋯⋯⋯ 1/6
柳橙汁	⋯⋯⋯⋯⋯⋯⋯⋯ 2/6

◎將材料搖盪後注入雞尾酒杯中。

　　單講「白蘭地」時，指的是以葡萄為原料的酒；而卡爾瓦多斯雞尾酒，則使用以蘋果為原料的蘋果白蘭地。蘋果白蘭地裡，只有在法國諾曼地方生產的酒，才能夠使用「卡爾瓦多斯」名稱，此款雞尾酒也是使用卡爾瓦多斯，才是最正宗的形態。具有華麗香氣的辛口卡爾瓦多斯，加上柑橘香甜酒和果汁的甘甜，苦味汁的淡淡苦味形成絕妙的組合，是人人喜愛的辛甜居中的一款。

　　此外，卡爾瓦多斯直接飲用作為餐後酒的情況亦多，和起司和菸草很對味。

側車

酒精度
30度

口味
甘口 ⬤ 辛口

衍生型種類繁多 是最具代表性的 搖盪型雞尾酒

技法 **搖盪**

Recipe

白蘭地	2/4
白柑橘香甜酒	1/4
檸檬汁	1/4

◎將材料搖盪後注入雞尾酒杯中。

被視為搖盪型雞尾酒的基本型，而且此款衍生出了許多傑作，像是琴基酒的「雪白佳人」（P.79）、伏特加基酒的「俄羅斯吉他」（P.94），和蘭姆基酒的「X.Y.Z」（P.102）等都是。蒸餾酒＋白柑橘香甜酒＋檸檬汁的單純配方，會因為基酒和柑橘香甜酒的品牌，以及各種材料的份量多寡，造成味道上的很大歧異，到各家酒吧走走，找出自己最喜歡的一杯也是樂趣之一。

名稱的來源有各種說法，以第一次世界大戰期間在巴黎流行的側車，以及巴黎「HARRY'S N.Y.Bar」的調酒師哈利馬克洪想出來的等說法較為有名。

傑克玫瑰

Brandy

優雅的薔薇色
華麗的香氣
高雅雞尾酒

技法 搖盪

Recipe

蘋果白蘭地	2/4
萊姆汁	1/4
石榴糖漿	1/4

◎將材料搖盪後注入雞尾酒杯中。

　　美國將蘋果白蘭地稱為「Applejack」，使用的是紐澤西生產蘋果做的白蘭地，相較於法國的卡爾瓦多斯，甜味較強為其特徵。此款雞尾酒一般以使用Applejack 為正宗，但在日本等地則多使用卡爾瓦多斯或其他的蘋果白蘭地。

　　蘋果白蘭地的香氣，與石榴糖漿的石榴香氣混而為一，釋放出如花香般香氣的傑克玫瑰一如其名，像是薔薇花卉般的色澤極為美麗，是最適合高雅的成年女性飲用的一杯。

香榭大道

酒精度
30度

口味
甘口 ●────── 辛口

Brandy

像是七葉樹嫩葉一般的巴黎色彩雞尾酒

技法 **搖盪**

Recipe

白蘭地	2/4
沙特勒茲酒（Jaune）	1/4
檸檬汁	1/4
苦精	1dash

◎將材料搖盪後注入雞尾酒杯中。

　　冠上『香榭麗舍』歌中廣為大眾所知巴黎香榭大道名稱的雞尾酒，將白蘭地和沙特勒茲酒這二種法國產的酒調和，加上檸檬和苦味汁的淡淡苦味，是味道纖細的一款酒。

　　有著綿延不斷行道樹－七葉樹的香榭大道，是每年7月14日國慶日的舞台，也是全球最大的自行車賽－環法自行車賽的終點。法國國內讚美它是"世界最美的道路"，是巴黎市內最熱鬧的中央大道。來自於這條香榭大道的此款同名雞尾酒，真想把這杯巴黎少女占為己有…。

史汀格

酒精度
36度

口味

甘口 ⬤▬ 辛口

Brandy

帶來清爽刺激的
薄荷之風
包覆著白蘭地

技法 搖盪

Recipe

白蘭地······	3/4
白薄荷酒······	1/4

◎將材料搖盪後注入雞尾酒杯中。

　　20 世紀初，由紐約的餐廳「Colonie」創作。薄荷的清涼感和白蘭地的甜十分吻合，美味。多作為餐後酒飲用，也有放入加冰塊的老式杯中飲用者。基酒改為琴酒時，名稱是「White Wings」（別名為 White Way；琴酒史汀格）；換成伏特加後的名稱是「白蜘蛛」（別名為伏特加史汀格）。

　　史汀格的原意是動植物的刺或針，轉為「毒牙」「毒舌派」等的意思。名稱應該是來自薄荷的刺激感，但千萬別飲酒過量。

| 酒精度 | | Dirty Mother |

酒精度
33度

口味
甘口 ●──── 辛口

Dirty Mother
黯淡的母親

Brandy

像在喝餐後的咖啡般
可以輕鬆享用的
單純雞尾酒配方

技法 **直接注入**

Recipe

白蘭地‥‥‥‥‥‥‥‥‥ 40ml
咖啡香甜酒‥‥‥‥‥‥‥ 20ml

◎在杯中加冰並注入材料，輕輕攪拌。

　　喝咖啡時，常有人滴入幾滴白蘭地享用，這二者極為對味。既然如此，白蘭地和咖啡香甜酒自然是不可能不合的。配方雖僅是簡單地將2種酒混合，但2種酒互相提味，可以調配出富有深度的雞尾酒；不擅飲酒的人還可以加入少許牛奶；愛吃甜食的人，加入鮮奶油的「白色黯淡的母親」更是不可錯過。此外，基酒改為伏特加之後便是「黑色俄羅斯」(P.95)，改為龍舌蘭後則是「猛牛」Brave Bull。

　　話說回來，黯淡的母親這名稱也真是有些誇張，但來源不明。黯淡或許是因為顏色較暗？

Cherry Blossom
櫻花

酒精度
27 度

口味
甘口 ⬤ 辛口

Brandy

帶著可愛而清新的 櫻花形象 來自日本的作品

技法 **搖盪**

Recipe

白蘭地	1/2
櫻桃白蘭地	1/2
柑橘香甜酒	2dashes
石榴糖漿	2dashes
檸檬汁	2dashes

◎將材料搖盪後注入雞尾酒杯中。

　　使用有著濃郁櫻桃甜香的櫻桃白蘭地與白蘭地等二種基酒，加上柳橙與石榴的香味和甜味，味道柔順的雞尾酒。口味上是富有果味而甘甜，但檸檬汁的酸味卻讓餘味顯得清爽而宜人。

　　架構在纖細均衡感之上的此款雞尾酒，是出自於日本而名聞全球的傑作。一般認為是大正時代，橫濱的酒吧「巴黎」的經營者田尾多三郎先生，以櫻花的形象創作出來的。此款酒比一般日本人熟悉的染井吉野櫻顏色深些，但華麗卻又可愛而清新的樣子，卻正是櫻花的表徵，可以在賞花時節品嘗一下。

酒精度	
39度	

口味

甘口 □━━━━□ 辛口

Nikolaschka
尼克拉斯加

Brandy

輕啜一口後
在口中創作出
不同以往的雞尾酒

技法 直接注入

Recipe

白蘭地	適量
檸檬片	1片
砂糖	適量

◎在香甜酒杯中放入半杯左右的砂糖並用湯匙壓實，把杯子倒過來將砂糖放在檸檬片上。在杯中注入白蘭地，再將放了砂糖的檸檬片放在杯上。

　　這是一款與眾不同，是由飲酒的人自己在口中混合後形成的雞尾酒。首先，用檸檬片包住砂糖放入口中，如果覺得糖太多了，可以把多餘的糖抖落到煙灰缸裡或用紙巾擦掉。檸檬帶皮放入口中含住，不喜歡皮的可以先行取掉。當檸檬和砂糖放入口中後，最重要的是要仔細咀嚼到可以直接吞下肚的程度，到了嚼軟之後再啜飲白蘭地，和口中的甜味、酸味混合之後吞下；算是冷硬派的飲料。

　　尼克拉斯加雖然像是俄國的名稱，但據說此款雞尾酒是在德國漢堡誕生的。

Hanatsubaki

☆ 山茶花

Brandy

酒精度
30度

口味
甘口 ○———— 辛口

以資生堂的標誌
山茶花來創作的
獨創雞尾酒

技法 **搖盪**

Recipe

白蘭地	4/6
覆盆子香甜酒	1/6
黑醋栗香甜酒	1/6
萊姆汁	1tsp

◎將材料搖盪後注入雞尾酒杯中。

　　本書監修上田先生在開設「銀座 TENDER」之前，長期在資生堂 PARLOUR 擔任首席調酒師。上田先生進入資生堂是在 1974 年，而第二年創作出的第一款獨創的雞尾酒，就是這款山茶花。

　　此酒正如其名，色彩是山茶花的花弁顏色；藉著白蘭地加上 2 種香甜酒，創造出了讓人印象深刻的美好味道。雞尾酒在通過喉嚨之後，在鼻腔中留下芳香。令人陶醉的這一杯，推薦給使用資生堂化妝品的成年女性。但酒精度較高，需注意。而不會飲酒過量，也是成年女性的特質。

酒精度
10度

口味
甘口 ⊙ 辛口

Brandy

哈佛冰酒

清涼爽快
最適合盛夏飲用的
清涼飲品

技法 搖盪

Recipe

蘋果白蘭地	45ml
檸檬汁	20ml
糖漿	1tsp
蘇打水	適量

◎將蘇打水之外的材料搖盪後，注入加了冰塊的酒杯中。再加滿冰透的蘇打水後輕輕攪拌。

　　由檸檬汁的酸味和帶來清涼感的蘇打水裡，感受到蘋果的淡淡香味。冰涼透心的雞尾酒，入喉也清爽宜人，盛暑、恢復因流汗而疲憊的身體活力時的最佳良伴。

　　哈佛這名稱來源不詳，但仍應是來自於美國的著名哈佛大學。蒸餾酒加入了酸味和甜味的冰酒，第一個浮現在腦海中的是蘭姆基酒的「波士頓冰酒」（P.112），而哈佛大學的校區便是在波士頓市內。哈佛冰酒，應該可以解釋為是波士頓冰酒衍生出來的雞尾酒種。

B&B

酒精度
40 度

口味
甘口 ⬤ 辛口

混合甘甜藥草系
香甜酒的
單純配方

技法　**直接注入**

Recipe

白蘭地·················· 30ml
Bénédictine 香草酒·········· 30ml

◎在杯中先倒入白蘭地再倒入香草
酒（混合型）；將倒酒順序反過來
的，則稱為漂浮型。

　　取自 Bénédictine 和 Brandy 頭文字而成的 B&B；
基酒使用干邑白蘭地時則為「B&C」；使用雅邑白蘭
地時則稱為「A&B」。

　　Bénédictine 香草酒是 1510 年，法國 Bénédictine
派的修道士 Bernado Vincelli 創作出來，具有悠久
歷史的香甜酒，此酒的原料包含了多達 27 種的香料，
也被稱為 DOM：Deo Optimo Maximo，這是「獻
給至高無上的主」的意思。

　　將濃稠而甜的香草酒和白蘭地混在一起後，出現的
是濃郁而甘美的味道。配方很簡單，就是將二種酒混
合，但酒精度很高，適合酒量好的人士飲用的酒款。

酒精度
34度

口味
甘口 ⬤ 辛口

床第之間

「上床」的意思
官能性且
富有深意的名稱

技法 **搖盪**

Recipe

白蘭地	1/3
白蘭姆酒	1/3
白柑橘香甜酒	1/3
檸檬汁	1tsp

◎將材料依序加入後搖盪，再注入
雞尾酒杯中。

　　此名直譯是「床單之間」，而真正的意思則是「上床」。一般認為是適合睡前飲用而用此名，但其實是富有深意的名稱。在此看看此酒的外觀，奶黃色的色澤是否因為這名稱而有了些官能的感覺？不論如何，如果和中意的對象約會時，點上一杯此酒，保證一定會有震撼的效果。雖然我覺得是不錯的邀約方式，但為了對方點上一杯似乎也不錯。

　　但是，除了1tsp的檸檬汁之外全是酒，因此酒精度較高。想要作為誘惑的小道具時，千萬注意自己別喝多了，也別讓對方喝多了才好。

白蘭地蛋酒
Brandy Eggnog

Brandy

聖誕節必備
營養滿分的
加蛋雞尾酒

技法 搖盪

Recipe

白蘭地	30ml
黑蘭姆酒	15ml
糖漿	1tsp
雞蛋	1 個
鮮奶	60ml
肉豆蔻	

◎將鮮奶和肉豆蔻之外的材料放入搖盪杯中，用力而且長時間搖盪。注入加了1、2塊冰塊的平底杯中，加滿鮮奶後攪拌，灑上些肉豆蔻。

　　美國聖誕節時必備的舞會飲料而聞名全球，而現在則是全球各國不分季節飲用的標準款雞尾酒之一。

　　甘甜、雞蛋蓬鬆的口感極佳又營養豐富的一杯。寒冬中，可以將鮮奶加熱後，做成「熱白蘭地蛋酒」來品嘗。快感冒時當成西式蛋酒來飲用也不錯。

　　將基酒改為馬德拉酒，會成為「巴爾的摩蛋酒」；把黑蘭姆酒換為柑橘香甜酒時，則會成為「早餐蛋酒」。此外，還有無酒精的蛋酒，是不能飲酒的人或兒童也可以享用的雞尾酒。

24度

口味

甘口 ⬤ 辛口

白蘭地沙瓦

Brandy

甜味與酸味
比例絕妙
疲倦時的良伴

技法　搖盪

Recipe

白蘭地	45ml
檸檬汁	20ml
糖漿	1tsp
檸檬片	1片

◎將檸檬片之外的材料搖盪後，注入沙瓦杯中，裝飾檸檬片。

　　檸檬的酸味明顯，口感上很酸，但這種刺激卻很過癮。工作上疲倦無比時，喝上一杯這雞尾酒，會從體內恢復元氣。像是嗜酒大人們的強壯劑般的感覺。

　　飲用沙瓦恢復了元氣之後，第 2 杯何妨來杯純白蘭地，好享用白蘭地原有的香氣與風味。優質的白蘭地，光是倒在酒杯裡就會釋放出香氣，如果用手托住杯底輕輕搖晃的話，香氣將更加明顯。眼睛欣賞顏色，鼻子享受芳香，舌頭沉浸在豐富的味道裡…多麼奢侈的時光呀！

法蘭西集團

酒精度
34度

口味
甘口 ⬤▬▬ 辛口

有著華麗香氣
甘美濃郁的雞尾酒
在晚餐後享用

技法　**直接注入**

Recipe

白蘭地‧‧‧‧‧‧‧‧‧‧‧‧‧‧‧‧‧‧‧‧‧‧‧‧ 45ml
杏仁香甜酒‧‧‧‧‧‧‧‧‧‧‧‧‧‧‧‧‧‧ 15ml

◎杯中加冰塊後注入材料，輕輕攪拌。

　　因為 1971 年的電影『霹靂神探（French connection）』而命名的雞尾酒。這部描述逮捕毒品走私集團故事的電影，是根據紐約市刑警 2 人的真人真事改編而成，是非常著名的警察故事電影。

　　不同以激烈飛車追逐聞名的電影，雞尾酒本身可是非常醇美順口的。白蘭地的芳醇香氣，加上杏仁香甜酒的杏仁香，杯中飄出的是極為華麗的香氣。味道上是具有深度的甘口，是極佳的餐後酒。或許可以手持此酒慢慢品嘗，再來欣賞一下動作片也不錯。

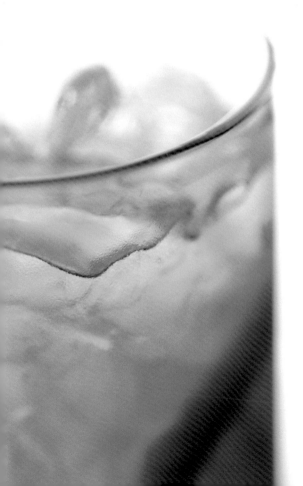

琴酒 基酒
Gin base

琴 酒 .... 【Gin】

　　據說琴酒是在1660年，由荷蘭萊頓大學醫學院的法蘭西斯・希爾維斯教授，以當時作為利尿劑的杜松子製造出藥酒為起源。此酒因有利尿、解熱的效果而在藥局販售，後來因為有一股特殊的香氣博得人們的喜愛，終於被視為酒類飲用而不是藥品。之後，在17世紀後半傳入英國，開始大量生產琴酒。生產量甚至凌駕荷蘭之上。

乾琴酒

　　將以大麥麥芽、裸麥、玉米等原料製造出來的無味酒精液體，使用裝置了塞滿了杜松子和香草等材料Gin Head的蒸餾鍋來蒸餾的方法，以及在蒸餾原料之後的原液裡，直接加入杜松子再蒸餾的方法。這是英國式的製造方法，正式的名稱應為英式乾琴酒。現在，單獨稱琴酒（Gin）時，一般以乾琴酒的意思居多；用來作為雞尾酒基酒的，也大都是乾琴酒。代表性品牌，有Beefeater、Gordon's、Bombay Sapphire、Tangueray等.

荷式琴酒

　　荷蘭生產的琴酒，比較接近誕生當時的原形，別名為Jenever。味道比乾琴酒重而香氣強。較少用來調配雞尾酒，通常是直接飲用。

老湯姆琴酒

　　在乾琴酒中加入約2%糖分的偏甜琴酒。「湯姆柯林斯」（P.71），就是因為使用這種琴酒而得名，但現在通常使用乾琴酒。

其他

　　德國生產的琴酒STEINHAGER知名度也高，此酒比乾琴酒香氣弱，味道柔順。和啤酒交互飲用，被啤酒冰透的胃，再由琴酒來暖胃，這是德國式的喝法。還有不用杜松子，而改用水果來加香氣的香甜酒形態果味琴酒。

阿拉斯加

Gin

偏高的酒精度
清冽的味道就像來到
阿拉斯加的冰原

技法 **搖盪**

Recipe

乾琴酒·····························3/4
沙特勒茲酒（JAUNE）···········1/4

◎將材料搖盪後倒入雞尾酒杯中。

　　沙特勒茲酒分為黃色的 JAUNE，以及綠色的 VERT，此款雞尾酒使用的是 JAUNE。因為琴酒裡加入了有著各種香草和蜂蜜，豐富風味沙特勒茲酒 JAUNE，產生的淡淡顏色很美，也可以調出圓融口感的雞尾酒。此酒一如阿拉斯加的名稱，是由冰透的琴酒製作，在杯外的水氣未散之前就應喝完。

　　雞尾酒的創作人是英國倫敦的著名飯店「The Savoy」調酒師哈利克勞夫克，而該氏於 1930 年著作，今日仍是暢銷書的《The Savoy Cocktail Book》一書中，也有此款雞尾酒。

　　酒精度很高，適合酒量強者。

酒精度
44度

口味
甘口 ⬤ 辛口

Green Alaska
綠阿拉斯加

Gin

阿拉斯加的衍生型雞尾酒味道更為強烈

技法 **搖盪**

Recipe

乾琴酒	3/4
沙特勒茲酒（VERT）	1/4

◎將材料搖盪後倒入雞尾酒杯中。

　　將「阿拉斯加」（前頁）中的沙特勒茲酒，由 JAUNE 改為 VERT，便是此款雞尾酒。綠色的沙特勒茲酒 VERT，比 JAUNE 辛辣而且香草味強，酒精度也更高。因此，綠阿拉斯加比阿拉斯加味道更為清冽而辛辣，是喜歡辛辣口感及酒精度高的人不可錯過的一杯。

　　阿拉斯加是美國的一個州，1867 年時，美國購買了當時是俄國領土的阿拉斯加，而在 1959 年升格為州。此款雞尾酒的創作年代約為 1920 年前後，正是淘金熱而湧入大量人潮進阿拉斯加，形成了市鎮的時代。

Gibson
吉普森

Gin

酒精度
37 度

口味
甘口 ⬤ 辛口

高雅練達的外觀
清冽美好的味道
大人口味的雞尾酒

技法 攪拌

Recipe

乾琴酒	6/7
乾苦艾酒	1/7
珍珠洋蔥	1 個

◎將琴酒和苦艾酒倒入刻度調酒杯
中攪拌，倒入雞尾酒杯中。用雞尾
酒籤叉住洋蔥沉入杯中。

　　配方和「馬丁尼」（右頁）相同，但裝飾的東西不
是橄欖而是洋蔥，而且琴酒的份量也多，完成的雞尾
酒是偏向辛口的。清澈而無色透明的杯底，像珍珠般
沉在底部的洋蔥極美，像極了高雅的美女一般。也可
以視喜好加入糖漬檸檬皮。

　　此酒誕生的由來眾說紛紜，但以 19 世紀美國畫家
Charles Dana Gibson 相關的說法較為普遍。像是
吉普生氏喜歡在紐約的 Player's Club 飲用，或是以
該氏筆下的 "Gibson Girl" 感覺配成，又有該氏其
實不擅酒力，因此在加了水的雞尾酒杯中放了洋蔥，
讓他人以為是酒等等的說法。

酒精度
34度

口味

甘口 ▭ 辛口

Martini

馬丁尼

Gin

雞尾酒之王
辛口的代名詞
配方多采多姿

技法 攪拌

Recipe

乾琴酒··························· 3/4
乾苦艾酒··························· 1/4
橄欖·····························1個
糖漬檸檬皮

◎將琴酒和苦艾酒攪拌，倒入雞尾
酒杯中。將橄欖沉入杯中，加糖漬
檸檬皮。

　　人稱"雞尾酒之王"的馬丁尼，每個調酒師或是每個飲用的人，都有著各自的堅持，無法一概而論何者是正確的配方；本書介紹的是極為一般性的配方。此外，增加琴酒份量的「香艾酒 Extra Dry）」；將乾苦艾酒改為甜苦艾酒的「甜馬丁尼」；加了乾甜二種苦艾酒的，叫「中性馬丁尼」；將苦艾酒換為日本酒是「和風馬丁尼（Saketini）」；用伏特加代替琴酒是「伏特加馬丁尼」等等，衍生種類繁多。裝飾物不同的「吉普森」，也可算是馬丁尼的一種吧。

綠寶石冰酒

Gin

酒精度
9度

口味
甘口 ⬤━━━ 辛口

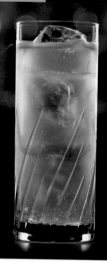

如寶石般的光耀
冰涼爽口的
果汁雞尾酒

技法 搖盪

Recipe

乾琴酒	30ml
綠薄荷酒	15ml
檸檬汁	15ml
糖漿	1tsp
蘇打水	適量

◎將蘇打水之外的材料搖盪，倒入平底杯中。放入冰塊後加滿冰透的蘇打水，輕輕攪拌一下。

　　就像名稱一般呈現綠寶石色的杯中，飛濺著蘇打水的氣泡，光看都感到清涼的雞尾酒。薄荷的風味讓琴酒獨特的杜松子風味更顯柔順圓融，呈出新鮮而清爽的風味。

　　祖母綠和紅寶、藍寶並稱為三大有色寶石，也因為是埃及豔后的最愛而名揚千里。寶石語是 "幸運、幸福、清廉、夫妻之愛" 等，也是 5 月的誕生石。在酒吧裡送給 5 月出生的對方一杯這款雞尾酒，應該也是很有意思的。另外，雞尾酒搭配當天的衣服味道來點用是樂趣之一，因此穿著綠色衣服或綠色飾品時別忘了點上一杯。

酒精度
26度

口味
甘口 ⬤ 辛口

琴蕾

英國誕生的雞尾酒
配合著時代需求
呈現出辛口的味道

技法 搖盪

Recipe

乾琴酒⋯⋯⋯⋯⋯⋯⋯⋯ 3/4
萊姆汁⋯⋯⋯⋯⋯⋯⋯⋯ 1/4
糖漿⋯⋯⋯⋯⋯⋯⋯⋯⋯ 1tsp
※特調酒款

◎將材料搖盪，加一塊冰後倒入香
檳酒杯中。

　　由於標準配方裡的萊姆汁是使用濃縮的，調好後呈
現的是淡綠色。本書的圖片和配方，是使用本書監修
上田先生店內實際提供的琴蕾。萊姆汁使用的是現
搾，甜味是加入糖漿而來。加入 1 塊冰，杯子使用香
檳杯而非雞尾酒杯。和標準款的情趣差異很大，請務
必調來嘗嘗。

　　這是一杯有以極為有名的書中對白「要喝琴蕾還嫌
早了些」（雷蒙錢德勒著《漫長的告別》）而著名的雞
尾酒，據說在英國誕生當時比現在要甜上許多。

Gimlet Highball
琴蕾蘇打

Gin

來上爽快的一杯
輕快品味
碳酸風味琴蕾

技法 搖盪

Recipe

乾琴酒	45ml
萊姆汁	15ml
糖漿	1tsp
蘇打水	適量

◎將蘇打水之外的材料搖盪後，倒入加了冰塊的平底杯中，輕輕攪拌。

　　就算在"喝琴蕾還嫌早了些"的時間，如果喝的是 Highball 應該還可以被原諒吧…，這杯就是充滿這種輕快感覺的爽快感。這杯是將「琴蕾」（P.63）以蘇打水稀釋的雞尾酒，但要做成 Highball 時，則不該使用濃縮萊姆汁，使用新鮮萊姆汁的風味會好很多。萊姆的清爽香氣，也正是這款雞尾酒美味的要素之一。

　　琴蕾的誕生有二個著名的說法；一是因為口感辛辣而被以木匠工具的「錐子」命名；另一則是英國海軍軍醫 Gimlet 爵士調配出來的說法。

酒精度	
26度	

Gin & Lime

琴萊姆

口味

甘口 ⬤ 辛口

Gin

比正宗還受歡迎？
琴蕾的
衍生型雞尾酒

技法 直接注入

Recipe

乾琴酒	45ml
萊姆汁	15ml
糖漿	1tsp

※特調酒款

◎將老式酒杯加了冰塊後，注入琴酒和萊姆汁，輕輕攪拌。

　　「琴蕾」（P.63）不以搖盪的方式製作，而是注入杯中加冰塊做成的雞尾酒。嗜酒的人應該都知道「琴萊姆」的名稱，但知道是琴蕾簡化後的酒的人卻不多。正因為沒有搖盪，因此味道上略嫌不夠高雅而調性偏硬，就是＂男性酒＂的感覺。

　　本書的配方仍是特調酒款，標準的配方裡，萊姆汁使用的是濃縮的，也不放糖漿。因為沒有何者好何者不好的區別，因此視個人喜好來選擇即可。享受各家酒吧不同的配方也是另一種樂趣。

☆ 城市珊瑚

酒精度

9度

口味

甘口 ⬤ 辛口

Gin

眼睛味蕾一起享用
美到頂點的
獨創雞尾酒

技法 搖盪

Recipe

乾琴酒	20ml
Midori（哈蜜瓜香甜酒）	20ml
葡萄柚汁	20ml
藍柑橘香甜酒	1tsp
通寧水	適量
鹽／藍柑橘香甜酒	各適量

◎用鹽和藍柑橘香甜酒將杯子做成珊瑚杯（Coral Style）。將藍柑橘香甜酒1tsp之前的材料搖盪，注入加了冰的杯中；加滿通寧水並攪拌。

　　1984 年，全日本調酒師協會主辦的雞尾酒大賽中，本酒為取得史上最高得分獲得冠軍，並被選為參加世界大賽代表作品的本書監修人上田先生的獨創雞尾酒。比鹽口杯運用範疇更廣的珊瑚杯的藍，以及光輝耀眼的酒綠色極為美觀，讓人飲用後會產生華貴氣氛的一款酒。身在都會中卻能因此享受到休閒的氛圍。

　　或許有人會困惑，此酒該如何飲用？只要不破壞珊瑚杯的外觀下飲用即可。下唇上自然附著的鹽粒，讓帶有哈蜜瓜香味偏甜口感的酒味更加提昇，美味非凡。酒精度低，因此也適合不嗜酒者飲用。

Singapore Sling
新加坡司令

Gin

來自新加坡
受到世人喜愛的
著名雞尾酒

技法 **搖盪**

Recipe

乾琴酒	45ml
檸檬汁	20ml
糖漿	1tsp
蘇打水	適量
櫻桃白蘭地	10ml

◎將蘇打水和櫻桃白蘭地之外的材料搖盪，注入加了 3～4 塊冰的柯林斯杯中；加入蘇打水至八分滿，將櫻桃白蘭地注入自然沉入杯底。插入攪拌棒，視喜好飾以水果。

　　以 1915 年誕生於新加坡「萊佛士酒店」而聞名，是全球著名的雞尾酒之一。但是，我們平常熟悉的新加坡司令，原來的配方是倫敦的著名飯店「The Savoy」調酒師哈利克勞朵克簡化後的配方為基礎；而現在的萊佛士酒店提供的新加坡司令，和當初的配方以及倫敦式的配方都有很大差異。據說加入了白柑橘香甜酒和石榴糖漿等，成為了口味偏甜的熱帶型雞尾酒。歷史悠久的雞尾酒，因為時代和製作者而變化這一點也極富趣味。

Gin & Tonic
琴湯尼

Gin

酒精度
12度

口味

甘口 ⬭ 辛口

容易親近的
最常見雞尾酒
但卻極為深奧

技法 直接注入

Recipe

乾琴酒·······················30～45ml
通寧水···························適量
萊姆···························1/6 個

◎在平底杯中加入3～4塊冰，注入
乾琴酒。將切好的萊姆擠汁直接放
入杯中。加滿通寧水攪拌1次。

　　常聽到人說第一次去的酒吧要先點琴湯尼；正因為
配方單純，因此最能夠顯現出該酒吧的性格。琴酒的
品牌和份量、萊姆的酸味、通寧水的甜味…，調製者
微妙的增減，都很容易反映出來的雞尾酒。

　　但其實，「因為不知道雞尾酒的名稱，就先點琴湯
尼」的人應該更多才對。琴湯尼就是這麼眾所周知，
也因為可以輕鬆飲用而迷人。有些酒吧會問客人要使
用何種品牌的琴酒，如果你有喜歡的品牌可以告知，
如果沒有就交給調酒師，請他調出他心目中最美味的
組合就對了。

酒精度
12度

口味

甘口 ⬜ 辛口

鮮活跳躍的
蘇打水爽快感
甜度可以調整

技法 搖盪

Recipe

乾琴酒	45ml
檸檬汁	15ml
糖漿	2tsp
蘇打水	適量

◎將蘇打水之外的材料搖盪，注入放了3〜4塊冰的平底杯中。倒滿蘇打水攪拌1次。

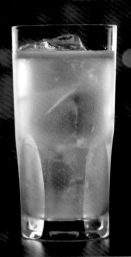

　　費斯，是蘇打水氣泡彈跳時嘶嘶聲的擬聲語。費斯系列的雞尾酒有許多種類，像是「蘭姆費斯」「白蘭地費斯」「可可亞費斯」「紫羅蘭費斯」（P.143）等，但其中以琴費斯最具代表性，知名度也最高。是具有檸檬酸味和蘇打水氣泡的清爽酒品，糖漿的量可以視個人喜好來增減。

　　琴費斯有幾個衍生型雞尾酒，加蛋黃的叫「黃金費斯」；加了蛋白則是「白銀費斯」，加上全蛋的則稱為「皇家費斯」。此外，琴費斯再加上薄荷葉，就會成為「阿拉巴馬費斯」。

酒精度
12度

口味

甘口 ⬜ 辛口

清冽而沁涼
去掉甜味的
爽口感正是優點

技法 **直接注入**

Recipe

乾琴酒	45ml
萊姆	1/2 個
蘇打水	適量

◎杯中加入萊姆和冰塊，注入琴酒。加滿冰透的蘇打水，插入攪拌棒。

　　和費斯及沙瓦最大的不同，就是完全不加入甜的成分，因此飲用時非常爽口。使用附的攪拌棒將萊姆擠壓，調整到喜歡的酸味來飲用。對於認為「琴湯尼」（P.68）和「琴費斯」（P.69）太甜的人而言，這款雞尾酒就是最佳選擇了。

　　利奇一名的由來，據說是 19 世紀末，在美國華盛頓的餐廳「舒梅克」裡，第一個品嘗到該餐廳調配出此款雞尾酒的人，名叫康奈爾·吉姆·利奇的緣故。琴利奇之外，還有不少如「威士忌利奇」「蘭姆利奇」等，使用各種蒸餾酒和香甜酒基酒調製而成，並為大眾所熟悉。

酒精度
12度

口味
甘口 ⬤ 辛口

湯姆柯林斯

Gin

享用柯林斯杯
大快意的
涼爽與滿足

技法 搖盪

Recipe

乾琴酒··························	45ml
檸檬汁··························	20ml
糖漿····························	2tsp
蘇打水·························	適量

◎將蘇打水之外的材料搖盪，注入加了冰塊的柯林斯杯中。倒滿冰透的蘇打水後輕輕攪拌。

　　配方和「琴費斯」（P.69）幾乎相同，但因為是以高身的柯林斯杯提供，因此份量特多為其特徵。最適合夏天飲用。

　　柯林斯這個名稱，是因為調配出這款雞尾酒的人，名為約翰柯林斯的緣故，湯姆柯林斯原也稱作約翰柯林斯，但現在已經細分為使用威士忌基酒的是「約翰柯林斯」，而琴基酒的則是湯姆柯林斯。之所以琴基酒的會稱為湯姆柯林斯，據說是因為當初是以 OLD TOM GIN 為基酒的因素，但 1930 年之後，使用乾琴酒的配方成為了主流。

入口清爽
葡萄柚的苦味
令人心曠神怡

技法 搖盪

Recipe

乾琴酒	30ml
葡萄柚汁	30ml
糖漿	1tsp
蘇打水	適量

◎將蘇打水之外的材料搖盪，注入加了冰塊的杯中。倒滿冰透的蘇打水後輕輕攪拌。

　　此款是琴費司（P.69）的衍生型雞尾酒。葡萄柚汁的清爽酸甜滋味，和琴酒獨特的杜松子的風味十分契合，杯中飄散出清新的香氣。酒精度不高而且入口感覺良好，在夏天的午後和運動過後等時機時，最適合來上一杯。

　　在家中自行製作強調清涼感的飲料時，就像是調製琴費司、琴湯尼（P.68）、琴利奇（P.70）時一樣，應儘量將琴基酒冰透，這樣即使是生手都能調製出美味的雞尾酒。最好的方法當然是整瓶酒放進冷凍庫，但做不到時放冰藏庫也可以。味道比起常溫保存要好上一大截。

Negroni

尼克羅尼

酒精度
24度

口味
甘口 ▢━━▢ 辛口

Gin

作為餐前酒享用
甜中帶苦
品嘗大人的滋味

技法 **直接注入**

Recipe

乾琴酒	20ml
金巴利酒	20ml
甜苦艾酒	20ml

◎在加了2～3塊冰的杯中，依序注
入材料後，攪拌。

　　1962 年時，義大利翡冷翠餐廳「卡索尼」的調酒
師，在徵得同意之後發表出此款尼克羅尼伯爵喜愛飲
用的餐前酒配方而成。

　　將琴酒、金巴利酒、甜苦艾酒這三種各具特色的
酒，以等量混合調製而成，是一款可以品嘗到甘甜和
微苦等複雜交錯風味的雞尾酒。以美食家著稱的尼克
羅尼伯爵的味蕾，似乎真的超乎常人。

　　反映出近年的辛口趨勢，也有配方是琴酒1/2、金
巴利酒1/4、甜苦艾酒1/4。此外，可以視個人喜好
加上一片柳橙。

Paradise
天堂樂園

酒精度
26度

口味
甘口 ⬤➖ 辛口

Gin

清爽的甘甜
果味豐富而
誘人的樂園美味

技法 搖盪

Recipe

乾琴酒	2/4
杏桃白蘭地	1/4
柳橙汁	1/4

◎將材料搖盪後倒入雞尾酒杯中。

　　完全符合聽到「樂園」一詞時心中想像的明亮而迷人的色澤。杏桃芳醇的香氣和柳橙汁十分對味，帶來豐富的果味和多汁的感受。如果不喜歡太甜的，就可以適度地增加少許琴酒，讓味道轉偏辛口。

　　拿掉杏桃白蘭地，使用琴酒 2/3、柳橙汁 1/3 調製出來的，就會是名為「橙花」的雞尾酒。柳橙的花語是「純潔」，因此有不少日本的喜宴，餐前酒都是提供此款雞尾酒；也是一款比天堂樂園更易於理解而且有著清爽的味道。各位可以喝喝看，看自己喜歡的是「純潔」還是「樂園」？

酒精度
29度

口味

甘口 □ 辛口

以巴黎人的感覺
來上一杯時髦的
深紅色雞尾酒

技法 攪拌

Recipe

乾琴酒	3/6
乾苦艾酒	2/6
黑醋栗香甜酒	1/6

◎在刻度調酒杯中放入材料和冰，
輕輕地攪拌後倒入雞尾酒杯中。

　　之所以「馬丁尼」被稱為"雞尾酒之王"，就是因為乾琴酒和乾苦艾酒的絕佳契合度所致。巴黎戀人，就是將這契合度絕佳的 2 種酒加入黑醋栗香甜酒而成，也可以說是馬丁尼的衍生型雞尾酒。黑醋栗深紅色之下的杯子色澤極美，甜美的香氣也令人陶醉。

　　Parisian 原為「巴黎出生長大的巴黎人」之意。即使在法國國內，巴黎都是個特別的城市；對於巴黎人這個名稱，也有些像是高雅卻難以親近等負面的形象。但是雞尾酒的巴黎戀人，卻是容易親近而美味。

Pure Love

☆ 純愛

酒精度
10 度

口味
甘口 ⚬ 辛口

Gin

酸甜清爽的純愛滋味
是上田氏的
首度優勝作品

技法 搖盪

Recipe

乾琴酒	30ml
覆盆子香甜酒	15ml
萊姆汁	15ml
薑汁汽水	適量
萊姆	1 片

◎將薑汁汽水和萊姆片之外的材料搖盪，注入杯中。加入冰塊後再加滿冰透的薑汁汽水，輕輕攪拌。最後飾以萊姆片。

　　本書監修人上田先生，在 1980 年，全日本調酒師協會主辦的全日本雞尾酒大賽創作部門賽事中，第一次參賽便獲得冠軍的創作雞尾酒。創造出「城市珊瑚」(P.66)、「國王谷」(P.23) 等無數傑作的上田先生表示，此款是他「留下最深刻印象的創作雞尾酒」。

　　萊姆和薑汁汽水的清爽感，加上覆盆子的酸甜十分對味，結果就是名稱上所說 "純純的愛" 的味道了。陷入苦戀中的人固然適合飲用，就算離戀愛已經很遠的人們，也可以來上一杯，回想一下初戀的滋味。

76

藍月

冶豔的淡紫色
菫花的香氣
十分迷人的雞尾酒

技法 **搖盪**

Recipe

乾琴酒	2/4
紫羅蘭利口酒	1/4
檸檬汁	1/4

◎將材料搖盪，注入雞尾酒杯中。

　　此酒名直譯是「藍色的月亮」，而實際的顏色卻是冶豔的淡紫色。這顏色是來自於使用香菫菜原料做的紫羅蘭利口酒，有著香水般的強烈香氣，是有著濃香的雞尾酒。味道上並不如視覺所見的甜，而是辛口的琴酒和檸檬汁的酸搭配出的清爽口味。

　　成年而性感的女性將此酒端上手，本身就可以構成一幅畫；當你和在酒吧吧檯上的女性搭訕時，如果她點了這款酒就要多注意了。藍月本身就有「談不下去」的意思存在，或許這杯酒就是她為了委婉地拒絕你而點的哦。

French 75
法式 75 釐米砲

Gin

酒精度
18度

口味
甘口 ●────○ 辛口

琴酒&香檳
和優雅的外觀
完全不相符的名稱

技法 搖盪

Recipe

乾琴酒	45ml
檸檬汁	15ml
糖漿	1tsp
香檳	適量

◎將香檳之外的材料搖盪，注入柯林斯杯中，加滿冰透的香檳。

　　彩霞般色澤優雅的外觀，但 French75 釐米砲的名稱；是第一次世界大戰中，為了紀念當時最先進火砲而在巴黎誕生的雞尾酒。相較於大砲的名稱，口感佳，酸味和甜味也很協調而美味，但香檳酒雖然酒精度低，但酒精的反應卻很快，而且又加上了琴酒，因此切勿不小心飲酒過量而提前出局。名稱其實還是有意義的。

　　此酒的別名為「鑽石費司」，也就是雞尾酒的分類是在費司類裡的。此外，基酒若改為波本威士忌叫作「法式 95 釐米砲」；改用白蘭地時則是名為「法式 125 釐米砲」的雞尾酒。

酒精度
30度

口味
甘口 ⬤ 辛口

雪白佳人

Gin

清新而高雅
外觀上不負
白色貴婦之名

技法 **搖盪**

Recipe

乾琴酒·································· 2/4
白柑橘香甜酒······················ 1/4
檸檬汁······························· 1/4

◎將材料搖盪後注入雞尾酒杯中。

　　也有「琴側車」之稱，是「側車」（P.41）的衍生型雞尾酒。雪白佳人原意是「白色貴婦」，此酒也正如其名，有著清新的外觀與單純而高雅的味道。

　　各位在此可以順便記一下的雞尾酒，另有「粉紅佳人」和「藍色佳人」。粉紅佳人是使用乾琴酒 3/4、石榴糖漿 1/4、檸檬汁 1tsp、蛋白 1 個，在搖盪後注入雞尾酒杯中；而藍色佳人則是使用藍柑橘香甜酒 2/4、乾琴酒 1/4、檸檬汁 1/4、蛋白 1 個，也是在搖盪後注入雞尾酒杯中；分別都是擁有粉紅與藍色色澤的美麗雞尾酒。

長島冰茶

酒精度
16度

口味
甘口 ⬤━━ 辛口

Gin

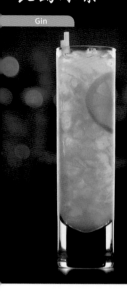

沒有使用紅茶
但外觀上和味道上
卻都是冰茶

技法　**直接注入**

Recipe

乾琴酒	15ml
伏特加	15ml
白蘭姆	15ml
龍舌蘭	15ml
白柑橘香甜酒	2tsp
檸檬汁	30ml
糖漿	1tsp
可樂	適量
檸檬	1 片

◎將可樂和檸檬以外的材料注入加滿碎冰的杯中，加滿冰透的可樂後輕輕攪拌。飾以檸檬片，插入吸管2支。

　　1980 年代初在美國紐約州長島誕生的雞尾酒。明明沒有使用任何 1 滴紅茶，但外觀上和味道上都完完全全是冰紅茶，真是很特殊的雞尾酒。有著適度的甘甜，就像是軟性飲料般可以大口喝下，但看看配方就可以知道，此酒除了琴酒之外，還使用了多種高酒精度的蒸餾酒，請千萬不要被口感騙過去。

　　在家中調製時，請注意可樂不要加過量，紅茶感覺的風味將因為可樂的量過多而被破壞殆盡。

伏特加 基酒
Vodka base

伏特加 ⋯⋯⋯⋯⋯⋯⋯【Vodka】

　　伏特加是代表俄羅斯的傳統蒸餾酒,但詳細起源已不可考。因為1917年的俄羅斯革命而流亡各國的白俄人,開始在流亡的國家製造伏特加酒,進而拓展到全球。其中尤其在美國國內大量生產,現在已為和俄羅斯共為2大消費國。伏特加的語源,是俄語中表示"生命之水"的「Zhiznennia Voda」,其中的「Voda」之後轉訛為伏特加。

原料、製造方法、代表性品牌等

　　將小麥、大麥、裸麥、玉米、馬鈴薯等材料糖化、發酵後，使用連續式蒸餾機蒸餾成酒精度85～94度的蒸餾酒。這原酒先以水稀釋，再以由白樺樹炭等做的活性炭層過濾，去除雜質、異味和雜味等。過濾次數愈多，愈是無色無味透明的酒，愈是優質的伏特加酒。

　　現在，東歐等世界各國都有所生產，代表性的品牌為俄國產的Stolichnaya和美國的思美洛（Smirnoff）等。

　　法國生產的灰雁（Graylag Goose），是誕生於1997年的較新品牌，但使用法國的最高級小麥作為原料，並以干邑地區的湧水作為釀製水等，各種精選做法下完成的優質伏特加，博得了極高的人氣。在灰雁伏特加裡混入樹上成熟柳橙的L'Orange，以及加入法蘭西梨後蒸餾而成的La poire，也都可以在市面上購得。

Spirytus

　　波蘭生產、酒精度達96度的伏特加。經過反覆70次以上的蒸餾來提昇純度，號稱"世界最烈的酒"。

香料伏特加

　　加入各種香草、香辛料或水果等氣味的伏特加，以波蘭的產量較大。以野牛草添加香氣的野牛草伏特加也具知名度。

加冰塊伏特加馬丁尼

Vodka

007要搖盪
本書則推薦
Stir & Rock

技法 攪拌

Recipe

伏特加	3/4
乾苦艾酒	1/4
橄欖	1顆
糖漬檸檬皮	

◎將伏特加與苦艾酒攪拌，注入加了冰塊的杯中。飾以橄欖灑上檸檬皮。

　　「馬丁尼」（P.61）基酒以伏特加取代後，便是「伏特加馬丁尼」（別名伏特加丁尼、袋鼠等）。當然，此酒可以直接以雞尾酒杯飲用，但如果想花些時間慢慢飲用時，則以加冰塊飲用為宜。

　　說到了伏特加馬丁尼，電影007的主角詹姆斯龐德的「不要攪拌要搖盪」一句台詞非常有名，但攪拌和搖盪何者美味，則務必請各位自己來嘗試一下。近年來，因為2006年上映的『007皇家夜總會』一片出現的，將琴酒4/6、伏特加1/6、Lillet blanc1/6搖盪做出的「詹姆斯龐德馬丁尼」人氣也高。

☆ M-30 雨

酒精度
30度

口味
甘口 ⚬ 辛口

Vodka

贈送給坂本龍一的雨色雞尾酒

技法 搖盪

Recipe

伏特加	4/6
葡萄柚酒	1/6
萊姆汁	1/6
藍柑橘香甜酒	1/2tsp

◎將材料搖盪後注入雞尾酒杯中。

　　1988 年，本書監修上田先生贈送給作曲家坂本龍一先生的創作雞尾酒。坂本先生參與演出，而且擔任音樂總監的電影《末代皇帝》插曲共 44 首中，坂本先生自己最喜歡的是第 30 曲，以「雨」為主題創作的插曲。M-30 的 M，便是音樂編號的意思。

　　藉著少量使用葡萄柚香甜酒，清爽的味道中便出現了淡淡的苦味，和淚雨的色調非常契合。上田先生笑稱「坂本先生應該不記得此事了」，但此款現在已是擁有高知名度的標準款雞尾酒了。

Kamikaze
神風特攻隊

Vodka

酒精度
30度

口味
甘口 ⟨━━◯━⟩ 辛口

清冽而辛口
美國出品的
人氣雞尾酒

技法 搖盪

Recipe

伏特加⋯⋯⋯⋯⋯⋯⋯⋯⋯⋯	4/6
白柑橘香甜酒⋯⋯⋯⋯⋯⋯	1/6
萊姆汁⋯⋯⋯⋯⋯⋯⋯⋯⋯	1/6

◎將材料搖盪後注入加了冰的杯中。

　　柑橘香甜酒的香味和萊姆汁的酸味，顯現出清爽而乾冽的口感。此酒是酒精度稍高的辛口雞尾酒，但或許是因為加了冰而且可以慢慢喝的緣故，是男女性都喜愛的一款雞尾酒。

　　Kamikaze 指的是日本帝國海軍的「神風特別攻擊隊」；神風特攻隊極為有名，在外國只要說到「特攻（Tokko）」或是「神風（Kamikaze）」，基本上大家都知道是賭上性命進行攻擊的部隊。此款雞尾酒，一般認為誕生在太平洋戰爭末期的美國，也有人說是美軍占領下的橫須賀基地。應是清冽的味道導致命名為神風特攻隊，但名稱是否得宜則是見仁見智的問題了。

酒精度
15度

口味
甘口 ⬤ 辛口

果味十足且
多汁的感覺！
南國風情的雞尾酒

技法 **搖盪**

Recipe

伏特加	15ml
水蜜桃香甜酒	15ml
藍柑橘香甜酒	1tsp
葡萄柚汁	20ml
鳳梨汁	5ml

◎將材料搖盪後注入加了冰的杯中。

　　帶有些許綠色感覺的淺藍色極美，外觀乍看之下有著冷酷的感覺，但味道和香氣都很甜美。水蜜桃香甜酒和葡萄柚汁、鳳梨汁十分對味，就像是品嘗南國不知名水果的美味一般，有著華麗而多汁的味道。

　　Gulf Steam 在英語裡是墨西哥灣流的意思，原應是以這道洋流流經的加勒比海一帶形象創造出來的雞尾酒，寶石綠的色澤、柑橘系的清爽香氣，加上微甜果味的味道，完全就是南國海洋度假中心的形象。

Cosmopolitan
柯夢波丹

Vodka

酒精度
27 度

口味
甘口 ⬤ 辛口

那4個人經常飲用女性之間嚼舌根時的最佳伴侶？

技法 <u>搖盪</u>

Recipe

伏特加	3/6
白柑橘香甜酒	1/6
萊姆汁	1/6
蔓越莓汁	1/6

◎將材料搖盪後注入雞尾酒杯中。

　　1988 年到 2004 年之間，在美國上映的熱門影集『慾望城市（SATC）』裡，4 位主角經常飲用的便是此款雞尾酒。在日本國內，也在 2000 年一開始上映便擄獲了女性的話題，同時也讓此款「柯夢波丹」知名度暴增，成為了人氣雞尾酒。

　　可愛的粉紅色和蔓越莓的酸甜味，的確和女性間的聊天十分吻合。此外，有不少男性，認為 SATC 是女性談論露骨話題的低俗節目，但這部影集暴紅的原因，卻是劇情中的女性友情故事。因此男性也務請排除偏見，點一杯柯夢波丹來嘗嘗看如何？

酒精度
34度

口味
甘口 ⬤━━ 辛口

品嘗杏仁香甜酒
芳醇風味的
高酒精度雞尾酒

技法 直接注入

Recipe

伏特加·····················　45ml
杏仁香甜酒·················　15ml

◎將材料注入加了冰塊的杯中，輕
輕攪拌。

　　威士忌基酒「教父」（P.24）的衍生型。使用沒有
異味，甚至完全無味的伏特加為基酒，因此杏仁的風
味比教父要濃，微微的甘甜帶出了滑順的口感。但
是，酒精度偏高，請注意切勿飲用過量。

　　將基酒換為白蘭地時，便是「法蘭西集團」（P.54）。
使用杏桃的果核製造，具有堅果風味的杏仁香甜酒，
是和威士忌、白蘭地和各種蒸餾酒都很搭調，甚至連
果汁牛奶等都能很對味的香甜酒。或許就因為可以溫
柔包容各種不同的對手，因此才能說是"母親"吧。

Sea Breeze
海上微風

酒精度
12度

口味
甘口 ◯━━━ 辛口

Vodka

柔和的粉紅色
像是溫和海風吹拂的
海邊夕照一般

技法 搖盪

Recipe

伏特加	30ml
葡萄柚汁	30ml
蔓越莓汁	30ml

◎將材料搖盪後注入加了冰的酒杯中。

　　Sea Breeze 是「海風」的意思，名稱上極富夏日氣息，口感也清爽宜人。最適合在海邊或是泳池邊享用，但味道之美可以不分季節來飲用。果汁量多也壓低了酒精度，是廣為大眾接受的風味，因此也適合不擅酒力的人和雞尾酒的新手享用。完全不碰酒的人，則可以享用去掉伏特加酒調出的「純真微風」（P.168）。

　　伏特加＋蔓越莓汁，是契合度極佳且是近年流行的搭配方式。在放了冰塊的杯中注入 45ml 的伏特加，再加滿蔓越莓汁的「海角樂園」和「柯夢波丹」（P.88）也擁有高人氣。

酒精度
10 度

口味
甘口 ⬤ 辛口

Screwdriver
螺絲起子

Vodka

極佳的口感
淑女殺手
稱號的雞尾酒

技法　**直接注入**

Recipe

伏特加⋯⋯⋯⋯⋯⋯⋯⋯ 45ml
柳橙汁⋯⋯⋯⋯⋯⋯⋯⋯適量

◎將加了冰塊的杯中注入伏特加，
加滿冰透的柳橙汁後輕輕攪拌。

　　幾近無色無味的伏特加，用柳橙汁稀釋後，就不大感受得出酒精的存在，酒力不佳的女性在這種好喝的假象下，發現時已經酩酊大醉了⋯，因此有了這著名的「淑女殺手」別號。但是這說法早已名聞全球，現在還想用這招來灌醉女性，就只能說是落伍了。

　　在螺絲起子裡添加 2dashes 具有香草香氣的加利安諾 香 甜 酒 Galliano，就 是「哈 維 撞 牆（Harvey Wallbanger）」，這款酒知名度不高，或許可以作為淑女殺手來用，但向女性搭訕時要靠實力，千萬別只靠酒精才好。

大榔頭

Vodka

被大大的榔頭
一頭敲下的
強辛口雞尾酒

技法 搖盪

Recipe

伏特加·······························3/4
萊姆汁（濃縮）·······················1/4

◎將材料搖盪後注入雞尾酒杯中。

　　將「琴蕾」（P.63）的基酒換為伏特加後便是此款雞尾酒，別名為「伏特加琴蕾」。Sledge Hammer指的是「需要雙手使用的大榔頭」，也可以轉為「強力」的意思使用。濃縮的萊姆汁雖然會帶來極淡的甜味，但的確是清冽的辛口，酒精度也高；就像是一記重拳般的強烈雞尾酒。想慢慢飲用時，可以改成加冰塊飲用或是稀釋飲用。

　　此款酒也可以比照琴蕾，使用新鮮萊姆汁取代濃縮汁來調配，並以糖漿加入甜味也一樣美味。

酒精度
12度

口味
甘口 ⬤ 辛口

鹹狗

Vodka

鹽口杯和 葡萄柚 絕妙的搭配

技法 **直接注入**

Recipe

伏特加	45ml
葡萄柚汁	適量
鹽、檸檬	適量

◎用鹽和檸檬將杯子做成鹽口杯。
加入大塊的冰塊1個，注入伏特
加，加滿葡萄柚汁後攪拌。

　　杯緣鹽巴的鹹味、葡萄柚汁爽口的芳香和酸酸甜甜
的風味，和伏特加極為對味，是始終有著超高人氣的
標準型雞尾酒。此酒在英國誕生，當初使用琴酒調
配，名稱是「鹹狗柯林斯」，但之後伏特加基酒款成
為主流；是曾在1960年代的美國大流行過，在日本
也深受歡迎的雞尾酒。

　　Salty Dog 直譯之下是「鹹味的狗」的意思，但俗
語中卻是「甲板船員」的意思。不用鹽口杯調製出來
的稱為「鬥牛犬 Bulldog」（別名為無尾狗 Tailless
Dog；灰狗等 Greyhound）。

Balalaika
俄羅斯吉他

酒精度
30度

口味

甘口 ⬤ 辛口

Vodka

清澈的口感
側車的
衍生型雞尾酒

技法 **搖盪**

Recipe

伏特加	2/4
白柑橘香甜酒	1/4
檸檬汁	1/4

◎將材料搖盪後注入雞尾酒杯中。

　　Balalaika 是一種像是吉他的俄羅斯代表性弦樂器的名稱。一般認為此款雞尾酒的名稱，就只是因為伏特加的形象就是俄羅斯而來的。是一杯柔和白濁的可愛色澤而口感清爽的雞尾酒。

　　一般認為是「側車」（P.41）的衍生型，別名為「伏特加側車」。此外，如蘭姆基酒的「XYZ」（P.102）和琴基酒的「雪白佳人」（P.79）等，也有許多不同基酒的傑出雞尾酒，是標準型的配方。雞尾酒的配方愈是單純，愈容易出現調酒人的差異，知道這些差距極大的酸甜味均衡度也是雞尾酒的樂趣之一。可以一家家酒吧去嘗試，看看哪家最合你的口味。

酒精度
32度

口味
甘口 ⚬ 辛口

黑色俄羅斯

Vodka

晚餐後享用
甘甜的
咖啡滋味

技法　直接注入

Recipe

伏特加⋯⋯⋯⋯⋯⋯⋯	45ml
咖啡香甜酒（Kahlua）⋯⋯⋯	15ml

◎在加了2～3個冰塊的杯中注入材料後攪拌。

　　由於伏特加沒有特殊味道，因此可以完全享用到咖啡香甜酒的甘甜風味，但酒精度不低。切勿因為美味順口而飲酒過量。

　　由龍舌蘭取代伏特加是「猛牛（Brave bull）」；換成白蘭地則是「黯淡的母親」（P.45）。而在黑色俄羅斯裡加入鮮奶油之後，便稱為「白色俄羅斯」，是更添甜點感覺的雞尾酒。名稱近似的「俄羅斯」，則是伏特加1/3、乾琴酒1/3、可可香甜酒1/3在搖盪之後注入雞尾酒杯中的配方，是一款不同系列的雞尾酒。

Bloody Mary
血腥瑪麗

酒精度
12 度

口味
甘口 ⬤ 辛口

Vodka

有著可怕的名稱
卻只是加滿蕃茄汁
健康滿分的雞尾酒

技法 直接注入

Recipe

伏特加··········	45ml
番茄汁··········	適量
Worcestershire Sauce、Tabasco 辣醬、鹽、胡椒··········	適量

◎在杯中放入大塊冰1塊後注入伏特加，加滿番茄汁。添加喜歡的調味料後，以攪拌棒攪拌。

　　這個可怕的名稱，據說是來自 16 世紀的英國女王瑪麗 1 世。據說是為了復興天主教而迫害許多新教徒的瑪麗女王，被稱為「血腥瑪麗」的緣故。番茄汁的顏色確實強烈，但倒也不需要用這種名稱吧…。

　　用番茄汁稀釋的雞尾酒種類很多，包含龍舌蘭基酒的「草帽」（P.121）；啤酒基酒的「紅眼」（P.163）；琴基酒的「血腥撒母耳 Bloody Sam」等，但最能喝到番茄汁原味的，就是這款血腥瑪麗了。可以加入各種自己喜歡的香辛料來飲用。

酒精度
14度

口味
甘口 ⬤ 辛口

Moscow Mule
莫斯科騾子

Vodka

飛踢力道強勁
清涼而爽快的
夏季型雞尾酒

技法 **直接注入**

Recipe

伏特加·················	45ml
萊姆汁·················	15ml
薑汁啤酒···············	適量
萊姆··················	1/6 個

◎在平底杯中加入2～3個冰塊，
注入伏特加和萊姆汁。加滿薑汁啤
酒，攪拌。飾以萊姆。

　　Moscow Mule 是「莫斯科的騾子」之意。是具有被騾子可以一腳踢飛的強烈飲料的意思，而莫斯科則是為了表現出此款雞尾酒的冰涼。名稱中沒有冰酒的字樣，但和「波士頓冰酒」（P.112）等，都同被列作冰酒系列裡，清涼感自在話下。是盛夏時飲用的清爽雞尾酒之一。

　　大部分酒吧都以平底杯供應此款雞尾酒，但正宗的應是以銅製的馬克杯提供。此外，也有以薑汁汽水取代薑汁啤酒的配方，但使用不太甜的品牌，會比較接近原來該有的味道。

讓思緒馳騁在
等待春天到來的雪國
並細細地品味

技法 搖盪

Recipe

伏特加	2/3
白柑橘香甜酒	1/3
萊姆汁（濃縮）	2tsp
薄荷櫻桃	1 顆
砂糖	適量

◎將雞尾酒杯以砂糖做成糖口杯。
將材料搖盪後注入，薄荷櫻桃沉
底。

　　1958 年，Suntory 的前身壽屋舉辦的雞尾酒大賽
裡奪得第 1 名的作品。是長達半個世紀廣為大眾喜
愛，標準雞尾酒地位難以動搖的一款。作者是在日本
山形縣經營咖啡店「ケルン」的井山計一氏，2010 年
時，年過 80 的井山氏仍是現職的調酒師。

　　味道是大眾口味的清爽型，但是砂糖做的糖口杯和
柑橘香甜酒的微微甜味，又帶來了柔順的口感。沉在
杯底的薄荷櫻桃，就像是在雪下等待春天的新芽。在
品嘗這一杯時，請一道享受酒杯呈現出的雪國風貌。

蘭姆酒 基酒

Rum base

蘭姆酒 ·········· 【Rum】

　　蘭姆酒是使用甘蔗在製造蔗糖時產生的糖蜜等副產品製成。蘭姆酒的發源地一般認為是西印度群島，以17世紀初期移民到巴貝多的英國人創造的說法最為有名。據說西印度群島的原住民稱呼此酒為「Rumbullion」，採用頭文字作為酒名因而有了「蘭姆」的名稱，這個說法是公認的名稱來源；「Rumbullion」具有「興奮」「騷動」等的意思。

白蘭姆（淡香蘭姆）

　　最常用作雞尾酒基酒的，是白蘭姆。蘭姆酒以顏色分類，可以分成「白蘭姆」「金蘭姆」「黑蘭姆」等3種；若以風味和芳香來區別，則有「淡香」「中等香氣」「濃香」3種。白蘭姆一如分類的名稱，色澤是無色透明，風味淡而柔順的味道。古巴和波多黎各多有生產，代表性品牌有Bacardi、Havana Club等。

金蘭姆（中等香氣）

　　色澤居於白蘭姆和黑蘭姆之間，同樣具有的是二者之間的風味。兼具有白黑二種蘭姆酒的優點，是人氣極高的蘭姆酒。南美蓋亞那的德梅拉拉河畔生產的「德梅拉拉蘭姆酒」Demerara Rum，以及加勒比海馬丁尼克島Martinique上生產的蘭姆酒都極富盛名。

黑蘭姆（濃香）

　　在內部燒焦的橡木桶內陳放3年以上，產生出濃重的顏色和強烈的風味。為了提昇香氣，據說在蒸餾時會加入鳳梨汁或針槐的樹液。牙買加是主要產地，代表性的品牌有麥爾斯（Myers's）和高魯巴（Coruba）等。黑蘭姆大都以直接飲用或加冰塊飲用較多，但將麥爾斯加入可樂後而成的「麥爾斯可樂」等雞尾酒也有高人氣。

其他

　　也有加入香辛料和水果等香味的「香料蘭姆（Spiced Rum）」（Flavored Rum）。此外，和蘭姆酒同樣使用甘蔗為原料的蒸餾酒，還有巴西的甘蔗酒Cachaça（Pinga），以及日本奄美群島生產的黑糖燒酎等。

XYZ

x.y.z.

酒精度
30度

口味
甘口 ⬤ 辛口

擁有清新外觀色澤
是側車的
衍生型調酒

技法 搖盪

Recipe
_____

白蘭姆……………………………… 2/4
白柑橘香甜酒…………………… 1/4
檸檬汁……………………………… 1/4

◎將材料搖盪後倒入雞尾酒杯中。

　　名稱是英文字母的最後3個字，有人認為是無有出
其右者的意思，但來源不明。在電影『野獸該死』
中，有個演男主角的松田優作邊玩著俄羅斯輪盤邊唸
道：「這就是最後的酒了！」之後扣下扳機的橋段。

　　清爽的口感以及清新的色澤，或許都可以說是簡單
的配方才調得出的 "終極雞尾酒"。

　　酒＋白柑橘香甜酒＋檸檬汁，是搖盪形式的基本型
態，這種型態做出來的雞尾酒，都被視為「側車」
（P.41）的衍生型。基酒是琴酒時稱為「雪白佳人」
（P.79）；伏特加時則是「俄羅斯吉他」（P.94）。

卡皮利亞

酒精度
30度

口味
甘口 ⬤ 辛口

Rum

村姑的魅力
來自於萊姆的清爽感
和砂糖的甜味

技法　**直接注入**

Recipe

白蘭姆‥‥‥‥‥‥‥‥‥‥　45ml
萊姆‥‥‥‥‥‥‥‥　1/2 ～ 1 個
糖漿‥‥‥‥‥‥‥‥‥‥　1 ～ 2tsp

◎將萊姆切塊放入杯中，加入糖漿
後充分擠壓，加滿碎冰後注入蘭姆
酒，攪拌一下。放入攪拌棒。

　　在巴西極受歡迎的雞尾酒。卡皮利亞在葡萄牙文中
是「鄉下姑娘」「農村小姐」的意思。加入了大量的
新鮮萊姆汁，讓味道和外觀同樣清爽口。砂糖的甜
味也是十分愉悅，是夏季型的雞尾酒，最適合盛暑中
的疲憊身軀。

　　配方裡記載的是白蘭姆酒，但原來使用的基酒是巴
西的甘蔗酒 Cachaça。此酒和蘭姆酒同是使用甘蔗為
原料的蒸餾酒，一般會被分類為蘭姆酒系裡。但巴西
國內，或許因為曾和西班牙發生過交易對立，因此明
確區分出甘蔗酒 Cachaça 和蘭姆酒。

Carib
加勒比

酒精度
20度

口味
甘口 ⬤ 辛口

Rum

將加勒比海樂園
形象化的
熱帶型雞尾酒

技法 **搖盪**

Recipe

白蘭姆	3/6
鳳梨汁	2/6
檸檬汁	1/6

◎將材料搖盪後注入雞尾酒杯中。

　　湛藍的海、眩目的陽光、輕快的音樂、常夏的樂園…。和想到加勒比海，就會浮現出的印象完全吻合的熱帶型雞尾酒。鳳梨汁的酸甜滋味，和蘭姆酒的芳香十分對味，檸檬汁的酸味帶來清爽的餘味。盛夏時固然適合，寒冬中想像盛夏的時光一樣十分適合。

　　如果在家中享用雞尾酒，就可以試試準備加勒比海的菜肴，來個加勒比派對也不錯。牙買加的烤雞肉（Jerk Chicken），用市售的烤雞調味料（Jerk seasoning）很容易做得出來。使用大量水果做的熱帶沙拉，以及古巴的熱帶米飯等一上桌，度假氣氛更high。

酒精度
10度

口味

甘口 ⬤ 辛口

自由古巴

只需倒入可樂稀釋便可輕鬆享用的單純配方

技法 直接注入

Recipe

白蘭姆	45ml
萊姆	1/2 個
可樂	適量

◎平底杯裡放入2～3個冰塊,將萊姆搾汁並直接放入杯中。注入白蘭姆,再加滿可樂,放入攪拌棒。

　　曾是西班牙殖民地的古巴,在經過美國的託管之後,於1902年獨立。古巴獨立戰爭時的口號是「Viva Cuba Libre!」,是「自由古巴萬歲!」之意。將古巴國酒－蘭姆酒,以支援其獨立的美國飲料可樂來稀釋而成的這款雞尾酒,可以說是古巴自由的象徵,但是想到之後美國託管下古巴民眾的苦,就不知道這味道到底算不算是自由的味道了…。

　　但不管如何,蘭姆酒和可樂極為對味,再加上萊姆的風味,真是極為美味。也是可以在自己家中輕鬆調配的雞尾酒。

Coral
珊瑚

酒精度
24 度
口味
甘口 ⬤ 辛口

Rum

將杏桃和蘭姆酒絕妙地混而為絕佳的美味

技法 搖盪

Recipe

白蘭姆	3/6
杏桃白蘭地	1/6
葡萄柚汁	1/6
檸檬汁	1/6

◎將材料搖盪後注入雞尾酒杯中。

　　珊瑚的英文是「Coral」。杏桃白蘭地的風味溶入蘭姆酒中，再以葡萄柚汁和檸檬汁調成酸甜而清爽可口的此款雞尾酒，味道就像珊瑚這名稱般，有著南國熱帶海洋的感覺。

　　使用在項鍊和戒指上的珊瑚，寶石語是「幸福」「聰明」等。珊瑚被視為隱藏了海洋的能量，吸引了許多女性配戴作為護身之用。名為珊瑚的雞尾酒，或許也像是熱帶的海洋一般，會帶來爽朗而有強健的生命力以及幸運。當您想要向前衝刺的心情時，請配戴珊瑚寶飾再點上一杯珊瑚雞尾酒吧。

酒精度
27度

口味
甘口 ⬤ 辛口

代基里

Rum

誕生於古巴蘭姆基酒的代表性雞尾酒

技法 搖盪

Recipe

白蘭姆	3/4
萊姆汁	1/4
糖漿	1tsp

◎將材料搖盪後注入雞尾酒杯中。

　　代基里，是位於古巴的一個礦坑的名稱。據說此酒是 19 世紀後葉，派遣到代基里礦坑的美國挖礦工人們為了消暑而調配出來的；而礦工中之一的詹寧斯‧S‧柯克斯將此命名為「代基里雞尾酒」。

　　正因為配方單純，每個酒吧調出的味道可能會有很大的差異，這也是此雞尾酒的魅力之一。每家店對此酒的酸味和甜味的比例各有堅持，像是用檸檬汁取代萊姆汁，或是多放些糖漿加強甜味等等。可以多試喝比較一下，挑出自己喜歡的配方。

冰凍代基里

Rum

在雪酪(Sherbet)的
濃稠滑順口感中
品嘗代基里

技法 調和

Recipe

白蘭姆	45ml
白柑橘香甜酒	1tsp
萊姆汁	15ml
糖漿	1tsp
碎冰	適量

◎將材料放入調理機中打成雪碧狀，注入香檳杯中。插入2支短吸管。

　　把冰得徹底的「代基里」（P.107）爽快感，再上層樓以冰冷的雪酪狀來享用的雞尾酒。如果不做成雪酪狀而直接使用碎冰時，則稱為美國式。另外也有不使用白柑橘香甜酒，而採用櫻桃香甜酒（Maraschino）的配方。

　　此酒因為海明威愛喝而名聞遐邇，但海明威式的配方，是將萊姆加倍，再加入少許葡萄柚汁，但不放糖。和標準型的配方差異很大。J.D. 沙林傑的《麥田捕手》一書中，17 歲的男主角荷頓最喜歡的酒，也是這款冰凍代基里。

酒精度
15度

口味
甘口 ●——— 辛口

冰凍草莓代基里

在代基里酒上
加入草莓的
甘甜和色彩

技法 **調和**

Recipe

白蘭姆	30ml
草莓香甜酒	10ml
萊姆汁	10ml
草莓	2 個
碎冰	適量

◎將草莓切丁，材料放入調理機中
打成雪酪狀，倒入杯中。插入2支
短吸管。

　「代基里」和「冰凍代基里」（前頁），雖然都帶有
些許的甜味，但都算是辛味的酒。在這酒上再加入草
莓香甜酒和新鮮草莓之後，立刻在味道上外觀上都成
為了甜的雞尾酒。冰凍雞尾酒最符合海邊和泳池邊等
的夏日形象；但是只有草莓，仍然符合聖誕節前後的
寒冬季節飲用。

　代基里＋水果十分地對味，草莓之外的水果也可以
調製。如果在家中自己做，就可以使用當令的水果，
像是哈蜜瓜、香蕉、鳳梨、水蜜桃等來搭配香甜酒，
做出各種不同的冰凍代基里來。

Nevada

內華達

酒精度
22度

口味

甘口 ⬤━━ 辛口

Rum

富有酸味
入口爽快的
短飲型飲料

技法 **搖盪**

Recipe

白蘭姆	3/5
萊姆汁	1/5
葡萄柚汁	1/5
糖漿	1tsp
苦精	1dash

◎將材料搖盪後注入雞尾酒杯中。

這是一款以美國西部的內華達州為名的雞尾酒。內華達州是以賭場和娛樂之都拉斯維加斯而聞名的州，但州內大半是砂漠地帶，降雨量少，是美國最乾燥的地區；至於此款雞尾酒會冠上內華達州名的原因則不明。或許是發源地；或許是因為在砂漠可以藉此解渴，也或許是西班牙文裡的內華達一詞是"積雪"之意，因此是雪的感覺等等。

但無論是何者，水果的酸味和苦精的淡淡苦味，都和蘭姆酒極為對味，是一款可以享受到清爽入喉感覺的雞尾酒。

Bacardi
巴卡蒂

Rum

酒精度
27度

口味
　辛口

巴卡蒂的條件是
必須加入
巴卡蒂蘭姆酒！

技法 **搖盪**

Recipe

巴卡蒂蘭姆	3/4
萊姆汁	1/4
石榴糖漿	1tsp

◎將材料搖盪後注入雞尾酒杯中。

　　1933 年，Bacardi 公司為了促銷自己公司生產的蘭姆酒，修改代基里配方後完成的雞尾酒。有紐約的酒吧使用其他公司的蘭姆酒調製巴卡蒂而被提告，1936年，最高法院做出了「巴卡蒂必須使用巴卡蒂蘭姆酒」的判決使此酒名傾一時。海明威喜愛的代基里，也是使用巴卡蒂蘭姆酒調製出來的。

　　和代基里的差別，在於因為使用石榴糖漿而出現淡粉紅色這一點；使用其他公司蘭姆酒調製時稱為「粉紅代基里」。在美麗色澤的伴襯下好好享用吧。

波士頓冰酒

酒精度
10度

口味

甘口 ⬤ 辛口

Rum

長飲型的
標準雞尾酒
炎夏時的良伴

技法 搖盪

Recipe

白蘭姆	45ml
檸檬汁	15ml
糖漿	1tsp
薑汁汽水	適量

◎將薑汁汽水外的材料搖盪，注入平底杯中。加冰加滿薑汁汽水，輕輕攪拌。

　　美國東北部麻薩諸塞州的首府波士頓，在美國的歷史上，是從英國殖民地獨立時的重要城市。目前則是古老建築和現代高樓大廈混在一起的活力大都會，也是著名的觀光都市。也因為哈佛大學等數所學校位居此地而享有盛名。

　　冠上都市名稱的雞尾酒，又名為城市雞尾酒（City Cocktail），這款波士頓冰酒是最負盛名的城市雞尾酒之一；此酒同時也是冰酒（Cooler）分類中最有名的酒款。清涼而容易入口的味道，受到許多人的喜愛。

酒精度
15度

口味
甘口 ⬤ 辛口

Hot Buttered Rum
熱奶油蘭姆

Rum

金蘭姆和
奶油的濃郁
甘甜濃郁的風味

技法　**直接注入**

Recipe

金蘭姆	45ml
方糖	1顆
熱開水	適量
奶油	1～2塊
肉桂棒	1支

◎將蘭姆酒注入附有把手的平底杯中，放入方糖。加入熱開水到7分滿，放入奶油；用肉桂棒攪拌。

　　寒冷的冬天，在覺得要感冒時會想飲用的熱飲。牙買加產金蘭姆的濃郁風味，以及奶油的濃稠和方糖的甜溶為一體，怎麼看都是滋養無比。喝下去後一直暖到心裡，淡淡的肉桂香氣使人精神一振。睡前飲用的話，更能一覺到天明。

　　使用熱牛奶取代熱開水時，則稱為「熱牛奶蘭姆（Hot Buttered Rum Cow）」，更是營養豐富。在家調配的話，更可以嘗試使用熱咖啡等自己喜愛的材料，但是已經感冒的人切勿飲酒過量。喝下美味的雞尾酒暖了身體，就應立刻休息以備明天。

莫希多

Rum

酒精度
27度

口味
甘口 ⦿ 辛口

清爽的魔法？
薄荷的清涼感
擴散整個口中

技法 **直接注入**

Recipe

白蘭姆	45ml
萊姆	1/2 個
糖漿	1tsp
薄荷葉	6～7 片

◎將萊姆搾汁後直接放入杯中，加
入薄荷葉和糖漿輕輕弄碎，加滿碎
冰後注入蘭姆酒，充分攪拌，再用
別的薄荷葉裝飾。

　　傳聞中，16 世紀後葉，海盜理察德瑞克的手下，向
古巴人傳授名為「Draque」的雞尾酒，便是莫希多
雞尾酒的由來。「Draque」是使用蘭姆酒前身的
Aguardiente，但巴卡蒂蘭姆酒出現後，便換了基酒
調製，後來便逐漸被稱為「莫希多」了。莫希多是由
巫毒教中具有魔法、魔術意思的 "MOJO" 一詞而
來，而 MOJO 據說也被用在 "成為毒品俘虜" 的意
思上。的確，這款雞尾酒在淡淡的甜味中散發出薄荷
的清涼，潛藏著愈喝愈不能罷手的魅力。

龍舌蘭 基酒
Tequila base

龍舌蘭 ·····················【Tequila】

　　代表墨西哥的酒。有很長一段時間只在原產國消費，但在1968年的墨西哥奧運時名揚全球。此酒是以名為「Agave Azul Tequila」的龍舌蘭品種為原料，但能以「龍舌蘭」為酒名的，則只限哈利斯科州、納亞里特州、米卻肯州、瓜納華托州、塔毛利帕斯州等5個州蒸餾的產品。其他地方產製的，則稱為「梅斯卡爾酒」Mezcal。

製造方法、代表性品牌等

將需8～10年才能收成的Agave Azul Tequila球根蒸後搗碎,取出糖汁後發酵,使用單式蒸餾機蒸餾二次,之後分為需要入桶陳放和不需陳放的,進行產品化。

用在雞尾酒上的無色透明白龍舌蘭酒稱為「Blanco」,是未經入桶陳放,只在不鏽鋼桶中經短期放置後即裝瓶的酒,可以享受到龍舌蘭原本強烈銳利的口感。放在橡木桶內超過2個月陳放的稱為「Reposado」;陳放超過1年的稱為「Anejo」,而陳放超過3年的則稱為「Extra Añejo」。沾染到橡木桶香氣、益增圓融味道的龍舌蘭,又有著完全迥異於「Blanco」的魅力,應直接飲用或加冰塊飲用。

此外,龍舌蘭又分為使用100%Agave Azul Tequila的酒品,以及超過51%Agave Azul Tequila,再以其他使用廢糖蜜釀製的酒混合後的酒品。標籤上標示著「Silver」「Gold」字樣的,就都是混合酒品。部分Gold是優質龍舌蘭,但只是使用Blanco的Silver再以焦糖著色的產品也多。100%Agave Azul Tequila的酒品,則在標籤上一定會標示「100% Agave」。

代表性品牌,有Olemeca、Sauza、Cuervo等。

其他

有些在瓶中放入辣椒和蟲子的產品,但這不是龍舌蘭酒,而是梅斯卡爾酒;將寄生在龍舌蘭上的紅色蜈蛉浸泡而成的「Gusano Rojo」極負盛名。墨西哥國內,將梅斯卡爾或龍舌蘭擠入萊姆或檸檬汁,口舐鹽巴後直接飲用的方式很盛行;此時使用的鹽巴,就是加入了將此紅蜈蛉乾燥後磨成的粉。但在最近,多為使用鹽巴內加辣椒粉或使用粉紅色岩鹽代用。

Ice-Breaker
破冰船

酒精度
20度

口味
甘口 ◯◉ 辛口

Tequila

淡淡粉紅色
清爽可口的
長飲型雞尾酒

技法 搖盪

Recipe

龍舌蘭	2/5
白柑橘香甜酒	1/5
葡萄柚汁	2/5
石榴糖漿	1tsp

◎將材料搖盪後倒入加了冰塊的雞尾酒杯中。

　　墨西哥的酒龍舌蘭，和果汁十分對味。使用了葡萄柚汁和有著柑橘香味白柑橘香甜酒的此款雞尾酒，有著淡淡的甜味和清爽易於入喉，不擅酒力的人也可以輕鬆飲用。只是酒精度其實不低，所以別喝多了。

　　名稱原是「碎冰的物體」「破冰船」的意思，轉而也作為「消除緊張」的意思使用。這也真是一款可以抒解炎夏中、工作疲累身軀的最佳雞尾酒。

　　可愛的淡粉紅色也適合女性飲用，搭配衣服顏色點用更是時尚感十足。

酒精度
30度

口味
甘口 ◯ 辛口

☆ **海藍寶石**

Tequila

連想到海洋的
藍色令人印象深刻
自創的雞尾酒

技法 搖盪

Recipe

龍舌蘭	4/6
葡萄柚酒	1/6
萊姆汁	1/6
藍柑橘香甜酒	1tsp

◎將材料搖盪後倒入雞尾酒杯中。

　　1983 年，本書監修上田和男招待客人的自創雞尾
酒。據說是位很時尚的男士，愛喝「馬格麗特」
（P.126）。有一天，此位先生表示「偶而想喝些不一
樣的雞尾酒」。聽到後，上田先生便使用和馬格麗特
相同的龍舌蘭為基酒，再以該男士喜愛海洋，搭配男
士手上戴的海藍寶石戒指，創作出了這款美麗的藍色
雞尾酒。

　　葡萄柚酒是使用葡萄柚汁做的香甜酒，將新鮮的香
氣和淡淡的甘甜加入雞尾酒中。再搭配上萊姆汁讓飲
用口感更加清爽，但酒精度稍高。

El Diablo
西班牙魔鬼

酒精度
12度

口味
甘口 ⬤ 辛口

Tequila

惡魔血的顏色？
龍舌蘭和黑醋栗的
絕妙組合

技法 **直接注入**

Recipe

龍舌蘭·····························45ml
黑醋栗香甜酒·····················15ml
檸檬汁·····························10ml
薑汁汽水···························適量

◎將酒杯中放入冰塊，再注入龍舌蘭、黑醋栗香甜酒、檸檬汁。倒滿冰透的薑汁汽水後攪拌。

　　El Diablo 是「惡魔」的意思。看來是因為像是惡魔血的顏色而得名的，但惡魔身上流的血，真是這麼通透而美麗的紅色嗎？

　　味道上也極為爽口，龍舌蘭的風味和黑醋栗的甘甜，檸檬汁的酸味混在一起，帶來了複雜而富有魅力的味道，薑汁汽水讓整杯飲料更易飲用。一入口後不由得想要大口大口一飲而盡的的爽快感，或許才應該說是具有「惡魔」般的美味？

　　另有以 1/2 個萊姆擠汁取代檸檬汁的配方。

草帽

龍舌蘭和番茄就是阻擋炙熱陽光的麥桿草帽

技法 **直接注入**

Recipe

龍舌蘭	45ml
番茄汁	適量
檸檬	1/6 個

◎將酒杯中放入冰塊，注入龍舌蘭，倒滿冰透的番茄汁後以檸檬裝飾。

　　草帽指的是「麥桿草帽」，是個可以讓人想像墨西哥眩目陽光的名稱。可以將裝飾的檸檬擠入飲用，或是加入自己喜歡的配料，像是鹽、胡椒、Tabasco等飲用。部分酒吧會使用芹菜棒來取代攪拌棒，這芹菜當然是可以吃下去的。

　　用伏特加取代龍舌蘭的話是「血腥瑪麗」（P.96）；換成琴酒時則是「血腥撒母耳」。再加上啤酒搭配番茄汁的「紅眼」（P.163）等，使用番茄汁的雞尾酒為數頗多，也可以在家中輕鬆調出。可以嘗試使用各種果汁和調味料，調出屬於自己的一杯吧。

Tequila Sunset
龍舌蘭日落

Tequila

酒精度
10度

口味
甘口 ⬤ 辛口

被下沈中的夕陽
染上色彩的
冰凍雞尾酒

技法 調和

Recipe

龍舌蘭	30ml
檸檬汁	30ml
石榴糖漿	1tsp
碎冰	適量
檸檬片	1 片

◎將檸檬片之外的材料放入調理機中打成雪酪狀，倒入杯中。裝飾檸檬後插入2支短吸管。

　　和下一頁「龍舌蘭日出」在名稱上搭配成對的此款雞尾酒，是以墨西哥夕陽為主題的粉紅色冰凍雞尾酒。雪酪狀的冰，像是被夕陽染紅的雲采一般。

　　外表看來很浪漫，但和龍舌蘭等量的檸檬汁酸味強烈，提供了可以一振夏日疲憊身軀的清爽風味。這是可以在下班後夕陽西下之前飲用的第一杯，也可以在酒吧等人時飲用，都是夏日黃昏時最適合的雞尾酒。

　　酒精度低，因此不擅飲酒的人也可以輕鬆飲用。

酒精度
11度

口味

甘口 ⬭⬭⬭ 辛口

Tequila Sunrise
龍舌蘭日出

Tequila

在杯中重現
燃燒般的
墨西哥朝陽

技法 **直接注入**

Recipe

龍舌蘭·······················30ml
柳橙汁·······················60ml
石榴糖漿·····················2tsp

◎將龍舌蘭和柳橙汁注入加了冰塊
的酒杯中,加入石榴糖漿沈底後攪
拌。

　　柳橙漸層由酒杯底部向上昇起,極美的雞尾酒。沈底的石榴糖漿像是太陽,柳橙汁則表現出被朝日染上色彩的天空。

　　此款雞尾酒之所以廣為世人所知,是因為 1972 年滾石合唱團主唱米克傑格墨西哥巡迴演唱會時喜愛,以及 1973 年時老鷹合唱團的第二張專輯《Desperado》中,收錄了和雞尾酒同名的曲子等等。

　　1988 年時,此名稱成為了梅爾吉勃遜主演電影的名稱。或許可以來上一杯,再來好好欣賞這部以加州為舞台,描述大人之間的懸疑浪漫電影。

法蘭西仙人掌

Tequila

墨西哥＋法國
異國的邂逅
帶來了柔順的口感

技法　**直接注入**

Recipe

龍舌蘭·····························40ml
白柑橘香甜酒·····················20ml

◎將材料注入加了冰塊的酒杯中，
攪拌。

　　Cactus 是「仙人掌」的意思。名稱是「法國的仙人掌」的此款雞尾酒，是混合墨西哥產龍舌蘭以及法國產白柑橘香甜酒，單純的一杯。龍舌蘭特有的風味，在白柑橘香甜酒的香味和甘甜中和之下，調和出了口感極佳而圓融柔順的味道。但畢竟是酒＋酒的組合，當然酒精度就偏高了。

　　此外，雞尾酒用上了仙人掌的名稱是有些複雜，但龍舌蘭的原料不是仙人掌而是一種名為龍舌蘭的常綠草。而約 300 種的龍舌蘭裡，唯有以「Agave Azul Tequila」這一種製出的才能稱為龍舌蘭。

酒精度
12度

口味
甘口 ⬤ 辛口

鬥牛士
Matador

隱藏著
鬥牛士熱情
動人心弦的雞尾酒

技法 **搖盪**

Recipe

龍舌蘭	2/6
鳳梨汁	3/6
萊姆汁	1/6

◎將材料搖盪之後，注入加了冰塊
的酒杯中。

　　Matador 是「鬥牛士」的意思，鬥牛士裡面，唯有
最後將刀刺入牛身的正鬥牛士，才能獲得 Matador
的稱號。鬥牛當然是視為國技的西班牙色彩濃厚，但
經西班牙長期統治的墨西哥國內也是極受歡迎的運
動，墨西哥市內有二處鬥牛場，其中之一的「Plaza
Mexico」，是世界最大的鬥牛場，可以容納約 5 萬
人。

　　拚命和牛相鬥的鬥牛士，或許大家會覺得以其為名
的雞尾酒一定有著強烈的味道，但其實是鳳梨汁的甘
甜和酸味，具有強烈果味的口感。但是，在這令人愉
悅的味道底下，或許潛藏著鬥牛士的熱情…也說不定。

馬格麗特

Tequila

酒精度
30度

口味

甘口 ⬤ 辛口

1949年的得獎作品
龍舌蘭基酒的
代表性雞尾酒

技法 **搖盪**

Recipe

龍舌蘭⋯⋯⋯⋯⋯⋯⋯⋯ 2/4
白柑橘香甜酒⋯⋯⋯⋯⋯⋯ 1/4
萊姆汁⋯⋯⋯⋯⋯⋯⋯⋯ 1/4
鹽、檸檬⋯⋯⋯⋯⋯⋯⋯ 適量

◎使用鹽和檸檬將杯子做成鹽口
杯。其他材料在搖盪之後，注入杯
中。

　　在龍舌蘭的產地墨西哥，咬一下檸檬或萊姆舔一下
鹽，再直接飲用龍舌蘭酒的喝法很常見。馬格麗特就
是將這種墨西哥式的豪邁喝法，在杯中做成高雅飲料
的配方。

　　1949年，洛杉磯的調酒師約翰狄勒沙推出參加「全
美雞酒尾大賽」，並且得獎的作品，據說是懷念年輕
時因狩獵場事故而死亡的女友而以女友之名命名。雖
然也有創作者另有其人的說法，但鹽口杯的鹽像是淚
水，清爽冷冽的口感也正符合悲傷戀愛故事的感受。

酒精度	
15度	*Frozen Margarita*

Frozen Margarita

冰凍馬格麗特

口味

甘口 ⬤ 辛口

Tequila

馬格麗特的衍生型雞尾酒之一

技法 **調和**

Recipe

龍舌蘭	30ml
白柑橘香甜酒	15ml
萊姆汁	15ml
碎冰	適量
鹽、檸檬	適量

◎使用鹽和檸檬將杯子做成鹽口杯。其他材料放入調理機打成雪碧狀之後，倒入杯中。

　　此酒正如其名，只是將馬格麗特的配方加入碎冰的冰凍雞尾酒。加入冰塊讓酒精度大降，是炎夏午後在海邊或泳池邊最適合的清涼酒品。

　　馬格麗特有許多的衍生型，白柑橘香甜酒改為藍柑橘香甜酒是「藍色馬格麗特」，再加上碎冰之後就會成為「藍色冰凍馬格麗特」；使用柳橙香甜酒時就是「黃金馬格麗特」。另外也可以使用草莓或哈蜜瓜等的香甜酒一樣美味。

Mockingbird
仿聲鳥

酒精度
26度

口味
甘口 ⬤ 辛口

Tequila

薄荷的
清涼爽快口感
就像小鳥般輕快

技法 搖盪

Recipe

龍舌蘭	2/4
綠薄荷酒	1/4
萊姆汁	1/4

◎將材料在搖盪之後，注入雞尾酒杯中。

　　龍舌蘭加上薄荷和萊姆，有著清爽和新鮮的味道。杯中的綠色也極美，是一杯用眼睛用舌頭雙重品嘗的雞尾酒。

　　仿聲鳥，是一種會模仿其他鳥叫聲和動物叫聲，甚至有時連車聲和平交道的聲音都會模仿的鳥。廣泛棲息在墨西哥等北美大陸各處，是有著可愛外觀的鳥種，但發情期時日夜鳴叫不停，也常會讓周遭民眾大感困擾。這個名稱是來自於，使用原產於墨西哥的龍舌蘭，所以用墨西哥的鳥種命名，而不是喝了之後會像仿聲鳥一樣地吵雜…。

香甜酒 基酒
Liqueur base

香甜酒 ·····················【Liqueur】

　　以水果或花、香草等賦予蒸餾酒香味,再加上色素或糖等製造的酒。一般認為是古希臘時代,人稱醫聖的希波克拉底將藥草溶入葡萄酒起源的,但現在,以葡萄酒為基酒的苦艾酒等酒類和香甜酒卻是不同的酒種。以蒸餾酒為基酒的香甜酒,在13世紀前後出現,一般認為醫師、鍊金師的Arnaud de Villeneuve和Ramon Lull等人物做的藥酒是起源。

香草、藥草系

　　當初的香甜酒有強烈的藥酒性格，像是在修道院製造的Chartreuse和Benedictine等，就是承襲著這種精神的代表性香甜酒。其他像是薄荷類的香甜酒，以及朱槿花做的紫羅蘭香甜酒；綠茶製的綠茶香甜酒等，也都屬於香草和藥草系。此外，像是果實系和種子系的香甜酒，也多有使用香草或藥草來調味道的例子。

果實系

　　有使用可可豆做的可可香甜酒、使用咖啡豆的咖啡香甜酒等；具有堅果風味的杏仁香甜酒，也是使用杏核的種子系香甜酒。

其他

　　也有使用雞蛋、奶霜、優格等乳化製品做的香甜酒。在愛爾蘭威士忌加入奶霜，再加上巧克力、咖啡、香草來調味的「貝禮詩香甜酒」；使用可可和奶霜，可以嚐到強烈巧克力風味的「莫札特巧克力酒」等，都是著名的奶霜系香甜酒。

　　此外，香甜酒在富有個性之外，色澤的美麗也是特徵之一。17～18世紀的法國國內就稱之為「液體寶石」，博得了貴婦們的喜愛。據說當時的流行，就是搭配著身上穿著的衣服和寶石，來選擇香甜酒飲用的方式。

Apricot Cooler
杏果冰酒

酒精度
6度

口味
甘口 ⟨ ● ⟩ 辛口

Liqueur

蘇打水包覆著
杏桃的香氣
清清爽爽一飲而盡

技法 搖盪

Recipe

杏桃白蘭地	45ml
檸檬汁	20ml
石榴糖漿	1tsp
蘇打水	適量

◎將蘇打水之外的材料搖盪，注入加了冰塊冰透的杯中。加滿冰透的蘇打水後攪拌。

　　杏桃白蘭地是使用杏桃發酵，在蒸餾出的蒸餾酒裡加入砂糖等製成。美國製的酒有著強烈的杏桃香氣；歐洲製的則有其他香草的味道。匈牙利地方製造的「Barack Palinka」，則是將蒸餾出來酒裝桶陳放，是正統的杏桃白蘭地。此外，浸漬杏桃後生產的香甜酒也稱為杏桃白蘭地。

　　杏桃的甜甜香氣和檸檬汁的酸味，石榴糖漿帶來味道的深度和些許的顏色。再加上蘇打水後，酸甜爽口的杏果冰酒就完成了。

墨西哥牛奶

酒精度
6度

口味
甘口 ⬤　　辛口

咖啡口味的
常見雞尾酒
適合不擅飲酒者

技法　**直接注入**

Recipe

咖啡香甜酒（Kahlua）	20ml
牛奶	40ml

◎在杯中加入2～3個冰塊，注入
Kahlua。加滿牛奶後攪拌。

　　應該有不少人的第一杯雞尾酒是這墨西哥牛奶吧。味道像是加了些許酒精的咖啡牛奶般，是不擅飲酒的人也可以享用的常見雞尾酒。

　　Kahlua 的原料是阿拉比卡種的咖啡豆，在烘烤成香噴噴的豆子之後，浸泡在蒸餾酒裡完成，酒精度是20%。如果覺得標準配方的酒精度太弱，可以要求將牛奶的量減半為 20ml。如果在家中調製，則可以加入自己喜歡濃度的咖啡來抑制甜度。直接灑入即溶咖啡而成的「苦味墨西哥牛奶」也是不錯的選擇。

Campari Orange
金巴利柳橙

酒精度
6度

口味
甘口 ⬤ 辛口

Liqueur

配色極美
來自義大利的
人氣雞尾酒

技法　**直接注入**

Recipe

金巴利酒·············· 30～45ml
柳橙汁······················適量

◎在杯中加冰塊，注入金巴利酒。
加滿柳橙汁後攪拌。

　　使用多種香草和香辛料製成的金巴利酒，具有獨特的苦味。此酒是由在義大利米蘭市內開設咖啡店的加斯帕爾·金巴利氏開發，1860 年時開始以「苦味阿魯索·德朗迪亞酒（荷蘭式苦酒）」之名販售。咖啡店的客人把這長長名字的酒名，簡稱為「金巴利的苦酒（Bitter Campari）」，其子達比德在繼承家業後，正式改名為「金巴利」。

　　金巴利的微苦和柳橙汁的清爽甘甜極為對味，通透的紅色裡夾雜著橙色的色調極美，像是義大利的太陽一般。

金巴利蘇打

酒精度
6度

口味

甘口 ◖━━◗ 辛口

原味享用
金巴利特有
清新爽口的苦味

技法 直接注入

Recipe

金巴利酒···············30～45ml
蘇打水·····················適量
柳橙·························1片

◎在加了冰塊的杯中注入金巴利酒，加滿蘇打水後攪拌。以柳橙片裝飾。

　　想出金巴利蘇打配方的，是開發金巴利酒的第二代達比德氏。靈感來自於以蘇打水稀釋白葡萄酒的「斯伯利特」（P.159），這種新的飲用方式，拓展了原先多是直接飲用的金巴利酒飲法。

　　獨特的微苦和淡淡的甘甜，可以在蘇打水的冰涼感中，飲用到金巴利酒特有的原始美味；是全球性的高人氣雞尾酒。把金巴利酒連瓶冰透的話，調製的雞尾酒將更為美味。

　　不過，其實金巴利熱的喝味道也極好。在寒冬時，可以一試用熱開水稀釋的金巴利加上蜂蜜和檸檬的配方。

Grasshopper
綠色蚱蜢

Liqueur

酒精度
16度

口味
甘口 ⬤━━ 辛口

以甜點的感覺
享用的
巧克力薄荷口味

技法　搖盪

Recipe

白可可香甜酒	1/3
綠薄荷酒	1/3
鮮奶油	1/3

◎用力搖盪材料後倒入杯中。

　　因為帶有淡淡的綠色，因此被冠上了英語「蚱蜢」的名稱。白可可香甜酒和鮮奶油甘甜濃稠的口感中，散發出清爽宜人的薄荷風味，像是在吃薄荷巧克力冰淇淋的感覺。是最適合餐後飲用的酒。

　　可能有人知道此款雞尾酒另有伊坂幸太郎著的同名小說，但小說裡並沒有雞尾酒的描述。不過伊坂的另一本小說《魔王》裡，就出現了這款綠色蚱蜢。伊坂的小說裡會出現其他小說中的人物，或是插入其他小說中的情節，小說之間的串連也正是伊坂小說的有趣之處。看伊坂小說時來上一杯吧。

酒精度
21度

口味

甘口 ▭ 辛口

Liqueur

Golden Cadillac

金色凱迪拉克

享用可可&香草
甘甜濃郁而
奢華的味覺

技法 搖盪

Recipe

白可可香甜酒	1/3
加里安諾酒（Galliano）	1/3
鮮奶油	1/3

◎用力搖盪材料後倒入杯中。

　　將「綠色蚱蜢」（前頁）裡的綠薄荷酒換成加里安諾酒而成的雞尾酒。加里安諾是 1896 年在義大利誕生的香甜酒，是以曾在義大利衣索比亞戰爭中立功的加里安諾將軍來命名的。此酒是以茴香（一年生傘形科）、薄荷、薰衣草、杜松子、香草等 30 多種香草為原料製成，特徵是美麗的金黃色澤。是有著強烈的香草香和茴香風味的香甜酒。

　　加里安諾酒加上巧克力香甜酒及鮮奶油之後，便會出現極為奢華且華貴的風味，可以享用到甘甜濃郁的口感。

St.Germain

聖傑曼

Liqueur

酒精度
20 度

口味
甘口 ⦿ 辛口

用奶昔形態
享用藥草香甜酒
複雜的風味

技法 **搖盪**

Recipe

沙特勒茲酒（Green）	45ml
檸檬汁	20ml
葡萄柚汁	20ml
蛋白	1 個分

◎用力搖盪材料後倒入雞尾酒杯中。

　　有"香甜酒女王"之稱的沙特勒茲酒 Chartreuse，是 18 世紀時在法國的沙特勒茲修道院問世；是一款神秘的香甜酒，至今仍未公布原料和製法，但一般認為使用了超過一百種的藥草。原本是做出來作為信徒的醫藥，據說有不老不死靈藥之名。

　　在這款有著複雜味道和香氣的香甜酒裡，加上果汁的清爽，以及加入蛋白好好搖盪後，就會像是速食店裡大家熟知的奶昔，有著圓融口感的雞尾酒。味道奇特的藥草風味奶昔，務請一試。

酒精度
13度

口味

甘口 ⬤ 辛口

Liqueur

夏多思湯尼

香草的香氣
擴散口中的
輕雞尾酒

技法 **直接注入**

Recipe

沙特勒茲酒（Green）……30～45ml
通寧水……………………適量
萊姆………………………1片

◎在加了冰塊的杯中注入沙特勒茲
酒，加滿冰透的通寧水後輕輕攪
拌。以萊姆片裝飾。

　　比較容易買到的沙特勒茲酒，有綠色的「VERTE」
（Green）和黃色的「JAUNE」（Yellow）。JAUNE
裡蜂蜜的甜味強，味道柔順，酒精度在40度；
VERTE甜味較低，藥草系香草的味道和香氣強烈，
酒精度達55度。

　　此款雞尾酒使用VERTE，裡面只加入通寧水，因此
VERTE原本的淡淡綠色很美。含在口中，香草的氣
味一下子便釋放出來，是種爽快的味道。喜歡甜味的
人可以使用JAUNE來調製。

　　據說沙特勒茲酒有促進消化和對身體有益等效果，
但酒精度高，切勿飲酒過量。

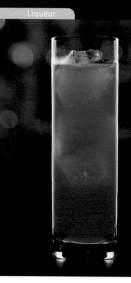

Spumoni
斯普莫尼

酒精度
3度

口味
甘口 ⬤ 辛口

Liqueur

輕鬆而方便的
清爽飲品
適合作為餐前酒

技法 **直接注入**

Recipe

金巴利酒····························· 20ml
葡萄柚汁····························· 20ml
通寧水······························ 適量

◎在加了冰塊的杯中注入金巴利酒
和葡萄柚汁，加滿通寧水後輕輕攪
拌。

　　義大利誕生的長飲型雞尾酒，和「金巴利柳橙」
（P.134）「金巴利蘇打」（P.135）同屬高人氣的雞尾
酒。金巴利酒和葡萄柚汁在通寧水的氣泡包覆下，以
輕鬆的感覺享用清爽的味道。

　　通寧水的甜味和苦味，碳酸的強弱都因製造廠而
異，因此可以去尋找自己喜歡的品牌。基酒改為荔枝
香甜酒「DITA」，就是「DITA MONI」；而不加通
寧水，只以葡萄柚汁稀釋的「金巴利葡萄柚」也很美
味。

Charlie Chaplin

查理卓別林

酒精度
15度

口味

甘口 辛口

Liqueur

混合2種香甜酒的
華麗而芳醇的
美好滋味

技法 **搖盪**

Recipe

黑刺李琴酒·················· 20ml
杏桃白蘭地·················· 20ml
檸檬汁····················· 20ml

◎將材料搖盪之後，注入加了冰塊
的杯中。

　　黑刺李琴酒 Sloe Gin，是將名為黑刺李的一種李
子，浸在蒸餾酒中製成的香甜酒。以黑刺李的酸甜味
道和華麗的香氣著稱。

　　查理卓別林，是將相同份量的黑刺李琴酒、杏桃白
蘭地和檸檬汁搖盪。李子和杏桃這二種香甜酒配成的
水果甜味，由檸檬的酸加以收斂，是一款後味良好的
雞尾酒。

　　查理卓別林這名稱，當然是來自於喜劇之王。但是
為什麼這款雞尾酒會搭配上查理卓別林的名字則不
明。

141

中國藍

Liqueur

美麗的藍色
深受女性喜愛的
荔枝雞尾酒

技法　**直接注入**

Recipe

荔枝香甜酒·············	30ml
葡萄柚汁·············	45ml
通寧水·············	適量
藍柑橘香甜酒·············	1tsp

◎在加了冰塊的杯中，分別注入荔枝香甜酒和葡萄柚汁，再加滿通寧水後輕輕攪拌。加入藍柑橘香甜酒沉入杯底。

　　荔枝因為楊貴妃的摯愛而聞名，有著高雅的甜味和多汁的口感，深受女性的喜愛，而且營養方面也有許多有利於女性的成分。荔枝含有助於紅血球生成的豐富葉酸，可以預防貧血；而美膚不可或缺的維他命C、預防高血壓的鉀、和骨骼形成有直接關聯的錳等也含量豐富。

　　這荔枝做成的香甜酒和葡萄柚極為對味；此款的配方和斯普莫尼（P.140）頁中介紹的「DITA MONI」很像，但此款加入的是藍柑橘香甜酒，有著很美的色澤，味道上也因此而具有深度。

紫羅蘭費斯

酒精度
6度

口味
甘口 ⬤ 辛口

冶豔的紫色帶來
紫羅蘭的香味
甘甜而獨特

技法 **搖盪**

Recipe

紫羅蘭香甜酒	45ml
檸檬汁	20ml
糖漿	1tsp
蘇打水	適量

◎將蘇打水之外的材料搖盪後倒入
加了冰塊的杯中，倒滿蘇打水後輕
輕攪拌。

　　Violet 是「堇菜」的意思，紫羅蘭香甜酒是以堇菜
為原料，再搭配柑橘系果皮、杏仁、香草、芫荽、丁
香、肉桂等製成。冶豔的紫色中散發出的複雜而迷人
的香氣為其特徵。

　　18 世紀當這款香甜酒開始販售時，似乎被視為有春
藥的效果。外觀和味道的確是很性感，但這款雞尾酒
給你約會的對象飲用時，是否具有春藥的效果，就要
看你個人的魅力是否足夠了。

　　檸檬汁可以收斂香甜酒和糖的甜味，蘇打水則讓整
體呈現清爽的風味。

瓦倫西亞

酒精度
16度

口味
甘口 ⬤ 辛口

享用杏桃和柳橙 多汁的 協調風味

技法 **搖盪**

Recipe

杏桃白蘭地	2/3
柳橙汁	1/3

◎將材料搖盪後倒入雞尾酒杯中。

　　使用了瓦倫西亞，這個受惠於溫暖的地中海形氣候，以生產柳橙聞名的西班牙地方名稱的雞尾酒。就像因為使用瓦倫西亞生產柳橙製作而得名的說法般，此款雞尾酒最好使用瓦倫西亞的柳橙來做。是杏桃白蘭地和柳橙汁充分調和後，果味十足而容易入口的雞尾酒。

　　有些配方是要加入柳橙苦精的，在此可以視個人喜好，加入 1～4dashes。此外，加滿碎冰的杯中注入瓦倫西亞，再加滿氣泡酒後，便是「瓦倫西亞克伯樂」Valencia Cobbler。

禁果

酒精度
8度

口味
甘口 ⬤ 辛口

水蜜桃和柳橙
果味十足而
動人的美味

技法　**直接注入**

Recipe

水蜜桃香甜酒……………………… 30ml
柳橙汁………………………………… 30ml

◎將材料依序倒入加了冰塊的杯
中，攪拌。

　　Fuzzy 是曖昧不清的意思，用柳橙汁稀釋水蜜桃香
甜酒的此款雞尾酒，果味足而美味，但味道和香氣，
卻也是分辨不出是水蜜桃或是柳橙的。好了，或許諸
位認為這名稱是這個因素而來，但 fuzzy 卻是桃子表
面上的細毛之意。換句話說，名稱上可是極為分明
的，fuzzy 是桃子而 navel 則是柳橙。

　　但在味道上，水蜜桃和柳橙卻是十分對味，甘甜的
香氣和清爽的味道令人心曠神怡，不擅飲酒的人也適
合飲用。水蜜桃香甜酒用通寧水稀釋後也美味。

Mint Frappé
冰鎮薄荷

酒精度
12度

口味
甘口 ⬤━━━ 辛口

鮮豔的綠色
薄荷清爽宜人的
冰鎮雞尾酒

技法 **直接注入**

Recipe

綠薄荷酒…………………………適量
碎冰…………………………………適量

◎在杯中將碎冰堆滿，從上方注入
綠薄荷香甜酒。插入2支短吸管。

　　在塞滿碎冰的杯中注入薄荷的香甜酒，就是這麼單純的配方。鮮豔的綠色美極了，用吸管一口吸來，口中滿是薄荷的清爽風味；是盛夏時節飲用，冰涼口味的雞尾酒。

　　香甜酒大都和其他材料混合調成雞尾酒，但直接飲用也大都足夠美味。這種冰鎮雞尾酒，不只是綠薄荷，同樣可以使用各種香甜酒來製作。

　　此外，之所以冰鎮和冰凍雞尾酒會用 2 支吸管，是因為若冰塊塞住一支吸管時還有預備的可用之故。飲用時使用 1 支即可。

葡萄酒·
香檳·
啤酒 基酒

Wine / Champagne /
Beer base

葡萄酒／香檳 …【Wine／Champagne】

　　葡萄酒是以葡萄為原料的釀造酒，據說在西元前4000～5000年時便已有人製造，是歷史最久的酒類。香檳是含有二氧化碳的發泡性葡萄酒，但只有法國香檳區生產的，才能夠稱為「香檳」，其他地區生產的就只能夠稱為氣泡酒。使用葡萄酒和香檳酒調製的雞尾酒，多適合作為餐前酒，接著的餐中酒自然是以葡萄酒為首選。

葡萄酒

分為紅、白和玫瑰紅3種。紅葡萄酒是以黑葡萄或紅葡萄為原料，以帶皮帶籽的整顆果實發酵釀成；白葡萄酒則以白葡萄為原料，去皮去籽只以果汁來發酵釀成。玫瑰紅酒則有幾種製法，像是在紅葡萄酒發酵途中去掉皮和籽的方法，以及將黑葡萄、紅葡萄以製白酒的方法製作等。

產地和種類都很多元的葡萄酒，味道上也是多元多樣；要作為雞尾酒材料時，應該以辛口而清爽的白葡萄酒具有較高的泛用性。在家裡調製時，也可以使用喝剩下來的葡萄酒。

香檳／氣泡酒

「氣泡酒」是含有二氧化碳的發泡性葡萄酒的總稱；法國香檳區特產的香檳，指的是在原產地命名控制法下，符合產地、原料、製造方法等定義的產品。

氣泡酒的製造方法裡，有別稱香檳法、在瓶中進行二次發酵的方法，以及在密閉的酒槽中進行二次發酵的方法。另外也有注入二氧化碳的方法。

在法國國內，將香檳區之外以香檳法產製的氣泡酒，稱為「Vin Mousseux」，亞爾薩斯地方的產品知名度很高。除了法國的之外，西班牙的「CAVA」和義大利的「Spumante」等的知名度都不低，較易購得。

加烈酒／加味葡萄酒

加烈酒是在釀造過程中，添加酒精以提高酒精度的葡萄酒。西班牙的雪利酒、葡萄牙的波特酒、義大利的馬莎拉酒（Marsala Wine）都負有盛名。

加味葡萄酒，是在葡萄酒裡加入各種香辛料或香草的酒，最有名的是苦艾酒。此酒分為甜口和辛口，甜苦艾酒主要在發源國義大利生產，而乾苦艾酒也多在發源國法國製造。

Adonis
安東尼斯

Wine

酒精度
15度

口味
甘口 ⬤ 辛口

淡淡的甜味
誕生於NY的
代表性餐前酒

技法 攪拌

Recipe

乾雪利酒·····················2/3
甜苦艾酒·····················1/3

◎在刻度調酒杯裡放入材料和冰塊
後緩緩攪拌，倒入雞尾酒杯中。

　　雪利酒是在西班牙南部赫雷斯地方釀造的加烈酒。
因為陳放的方式不同，又分為甜口到辛口的不同種
類，其中以辛口、名為「FINO」的雪利酒最有名，
以雪利酵母獨特的香氣著稱。

　　苦艾酒也是以葡萄酒為主體釀造，是將苦艾草等香
草加入白葡萄酒做出的加味葡萄酒，分為發源於義大
利的濃色甜口，以及發源於法國的淡色辛口等。

　　安東尼斯是希臘神話裡愛上愛神與美麗之神阿芙羅
狄忒的少年名字。此款雞尾酒是為了紀念1884年，
在紐約上演的音樂劇「安東尼斯」，而在紐約的酒吧
中創作出來。

酒精度
16度

口味

甘口 ⬤ 辛口

Bamboo
竹子

Wine

誕生於橫濱
味道清冽的
餐前酒

技法 **攪拌**

Recipe

乾雪利酒·····················2/3
乾苦艾酒·····················1/3

◎在刻度調酒杯裡放入材料和冰塊
後攪拌，倒入雞尾酒杯中。

　　將「安東尼斯」（前頁）的甜苦艾酒改成乾苦艾酒
後，便是此款雞尾酒。乾 × 乾的組合，就像是
Bamboo（竹子）的名稱一般，是會讓人伸直背脊的
清冽味道。

　　原橫濱格蘭飯店（現為新格蘭大飯店）的主任調酒
師路易斯艾賓格氏創作的雞尾酒。橫濱格蘭飯店在關
東大地震時燒毀，1927年重新開業為新格蘭大飯店，
因此這款酒的配方至少有80年以上的歷史了。

　　此款酒也可以和安東尼斯一樣，可以試喜好加入柳
橙苦精1dash。

美國人

酒精度
7度

口味

甘口 ⬤ 辛口

2種義大利的
著名酒種調出
清新宜人雞尾酒

技法 **直接注入**

Recipe

甜苦艾酒	30ml
金巴利酒	30ml
蘇打水	適量
半月型柳橙片	1片

◎在杯中加冰後注入甜苦艾酒和金
巴利酒,加滿冰透的蘇打水後攪
拌,飾以柳橙片。

　　使用甜苦艾酒和金巴利酒這二種義大利誕生的酒,
在義大利創作出的雞尾酒。但名稱卻是義大利文中美
國人的意思;只是,不知道義大利人想像中的美國
人,到底會喜歡這款雞尾酒的什麼部分,卻很令人好
奇。是二氧化碳的輕快?還是甜苦艾酒的甜味?

　　看一下配方就知道大概的味道,是金巴利蘇打水加
上甜苦艾酒的甜味而成,微苦和微甜的協調感極佳。
此酒多作為餐前酒飲用,但其實何時飲用皆宜,不必
侷限於餐前。炎夏的中午,在豔陽下滋潤一下乾渴的
喉嚨似也極為適合。

酒精度
9度

口味
甘口 ⬤ 辛口

Angel
☆ **天使**

Champagne

調配出
含羞草的
創作雞尾酒

技法 **搖盪**

Recipe

香檳	適量
白柑橘香甜酒	10ml
葡萄柚汁	30ml
石榴糖漿	1tsp

◎將香檳之外的材料搖盪，倒入細
長香檳杯中，加滿香檳。

　　本書監修上田先生為「L'OSIER 餐廳」調配為餐前
酒用的創作雞尾酒。位於銀座並木通的 L'OSIER 餐
廳，在《米其林指南》裡於 2008 年版起連續 3 年榮
獲最高榮譽的 3 星級、法國餐廳的頂峰。在資生堂會
館全面改裝之後的 1973 年開業，由 1999 年於現址營
業至今。上田先生創作此款雞尾酒時，是在資生堂時
代的 1988 年。

　　據說此款是從香檳兌柳橙汁的「含羞草」（P.162）
得到靈感創作出來的，但不單以葡萄柚汁來取代，另
外加入柑橘香甜酒和糖漿增添風味，不愧是大師級的
創作。

Kir
基爾

Wine

辛口的葡萄酒
搭配黑醋栗的甜香
著名的餐前酒

技法 **直接注入**

Recipe

白葡萄酒（辛口）⋯⋯⋯⋯⋯9/10
黑醋栗香甜酒⋯⋯⋯⋯⋯⋯1/10

◎在杯中注入黑醋栗香甜酒，倒入
冰透的白葡萄酒。

　　以葡萄酒產地著稱的法國勃根地方，曾擔任該地方迪戎市長的菲尼克基爾氏，於1945年前後調配出此款雞尾酒。配方更早之前就有了，但基爾市長在該市的宴會裡，一定會以此待客，因而也有市長擴大了知名度一說，但不論何者正確，白葡萄酒和黑醋栗的風味十分契合，是有著高雅風味的傑作。使用覆盆子或水蜜桃、黑莓等香甜酒調製也美味。

　　此外，在勃根地調製基爾時使用的白葡萄酒，則固定使用阿里哥蝶種（Aligote），使用其他葡萄酒時，則稱為「vin blanc cassis」。

酒精度
11度

口味
甘口 ⬤▬▬ 辛口

皇家基爾

黑醋栗的風味
溶入香檳泡沫中
奢華的雞尾酒

技法 **直接注入**

Recipe

香檳酒‧‧‧‧‧‧‧‧‧‧‧‧‧‧‧‧‧‧‧‧‧9/10
黑醋栗香甜酒‧‧‧‧‧‧‧‧‧‧‧‧‧1/10

◎在杯中注入黑醋栗香甜酒，倒入
香檳酒。

　　將「基爾」（前頁）的白葡萄酒，以香檳酒取代而
成，奢華感十足。Royal 是皇家，有「皇家的」「高
貴的」等意思。可以使用氣泡酒來取代香檳，但要符
合皇家的名稱，還是香檳比較適合。

　　山田詠美的小說《A2Z》裡，有一段女主角夏美和
偷腥的老公在餐廳飲用餐前酒的場面，一句「溶入香
檳裡的覆盆子香氣衝鼻而來」，就知道正在飲用的是
以覆盆子取代皇家基爾裡的黑醋栗調成的「帝國基爾
（Kir Imperial）」了。

金巴利啤酒

酒精度
8度

口味
甘口 ⬤ 辛口

平凡無奇的啤酒
在金巴利的魔力下
華貴地大變身

技法 **直接注入**

Recipe

金巴利酒	30ml
啤酒	適量

◎在杯中注入金巴利酒，加滿冰透
的啤酒後輕輕攪拌。

　　炎夏時分，「先來杯啤酒！」心情下的第一杯啤酒
總是特別美味，不過偶而時髦一下，來杯金巴利啤酒
如何？染成粉紅色的啤酒，和平常有著不同的表情，
一杯在手時連心情都華貴了起來。含進口中時，啤酒
和金巴利各自的微苦味十分協調，營造出具有深度的
的味道，二種味道都能明確感受到，就像是雙重美味
的感覺。

　　以黑醋栗香甜酒取代金巴利酒的「黑醋栗啤酒」，
以及換成綠薄荷的「薄荷啤酒」也都值得一嘗。想喝
辛口而強烈的酒時，就請試試用啤酒稀釋琴酒而成的
「乾琴啤酒」吧。

酒精度
3度

口味
甘口 ⬤ 辛口

Shandy Gaff
薑汁啤酒

英國的Pub
長年受到喜愛的
著名飲料

技法 **直接注入**

Recipe

啤酒······························· 2/3
薑汁汽水······················· 1/3

◎在平底杯中注入冰透的薑汁汽水，再加滿冰透的啤酒。

　　自古以來在英國的 Pub 自古就一直被點用至今的著名飲料，也被暱稱為「香蒂」。薑汁汽水將啤酒的苦味沖淡，酒精度也低。是一款不擅飲酒的人也可以享用的雞尾酒。

　　如果不使用薑汁汽水而改用檸檬汽水或檸檬風味碳酸飲料時，則稱為「Panache」，在法文中是「混合」的意思，但在英國也將 Panache 稱為香蒂。

　　此外，以清涼飲料稀釋啤酒的飲料，還有「蔓越莓啤酒」。是將蔓越莓汁 30ml 和石榴糖漿 1tsp 注入杯中，再加滿啤酒而成。

香檳雞尾酒

酒精度
13度

口味
甘口 ⬤ 辛口

用這杯雞尾酒表現 經典搭訕文句 「敬妳的眼眸」

技法 **直接注入**

Recipe

香檳	適量
白蘭地	1tsp
苦精	1dash
方糖	1顆
糖漬檸檬皮	

◎在香檳杯中放入方糖,滴入白蘭地和苦精後,倒滿冰透的香檳酒,灑上檸檬皮。

　「敬妳的眼眸」這句台詞現在大概只會用在開玩笑的場合了,但來源的電影『北非諜影』,則是描述因為戰爭而分離的男女間悲戀的名片,1942年上映。這句話是亨佛萊鮑嘉主演的男主角里克布萊恩,凝視著英格麗褒曼主演的女主角伊麗莎時說的,當時二人手上拿的是香檳雞尾酒,也成為和此句台詞一起暴紅的雞尾酒。

　發自香檳杯底方糖的氣泡逐漸升起,口味逐漸變甜的浪漫雞尾酒。就算不說這句「敬妳的眼眸」,也是適合情侶凝視對方時飲用的雞尾酒。

酒精度
5度

口味
甘口 ●── 辛口

Spritzer
斯伯利特

彈跳的氣泡
帶來愉悅的
輕快雞尾酒

技法　**直接注入**

Recipe

白葡萄酒·····························1/2
蘇打水·······························1/2

◎在杯中放入冰塊，注入冰透的白葡萄酒之後，倒滿冰透的蘇打水。

　　以蘇打水稀釋白葡萄酒、低酒精度的輕快雞尾酒。斯伯利特這個名稱，來自於德文的「spritzen（彈跳）」一詞。也正如其名，在清澈透明的杯中，蘇打水的氣泡跳動，清爽的外觀和口感令人愉悅。晴朗的假日午後、等候洗濯衣物乾燥等時候，最適合來上一杯的感覺。或者減重中卻想喝酒時，也是最適合的一杯。比直接飲用葡萄酒的熱量低，二氧化碳又能防止飲食過量。

　　基酒的白葡萄酒不必特別選品牌，但以果味強的夏多內種葡萄，以及德國產的甜口葡萄酒更為美味。

Bellini
貝里尼

Wine

酒精度
7度

口味

甘口 ⬤ 辛口

源自義大利老店
Harry's Bar的
雞尾酒

技法 **直接注入**

Recipe

氣泡酒	3/4
水蜜桃果汁	1/4
石榴糖漿	1tsp

◎在杯中放入水蜜桃果汁和石榴糖漿後攪拌，倒滿氣泡酒之後輕輕攪拌。

　　此款雞尾酒誕生於1931年在義大利威尼斯創業的老字號餐廳「Harry's Bar」。為了紀念1948年舉行的畫家喬凡尼貝里尼畫展，而由Harry's Bar經營者Giuseppe Ciariani創作出來的。

　　氣泡酒的泡沫裡溶入了水蜜桃甜甜香氣的頂級雞尾酒，但正宗的威尼斯Harry's Bar裡，據說是使用新鮮水蜜桃製作的。葡萄酒也使用固定品牌－義大利「Prosecco」，在此酒中加入少許砂糖。使用石榴糖漿的是位於羅馬的Harry's Bar作法，而這種也是義大利調酒師協會推薦的配方。

酒精度
8度

口味
甘口 ⬤ 辛口

Black Velvet
黑絲絨

Beer

敬請享用
高雅而奢華的
絲絨般口感

技法 **直接注入**

Recipe

黑啤酒	1/2
香檳酒	1/2

◎將啤酒和香檳酒同時自杯子的左右兩邊注入。

　　濃郁的黑啤酒和香檳酒各半，配方很簡單，但就像名稱一般有著黑絲絨般的外觀，是極為高雅的雞尾酒。口感也十分柔和，帶有酸味的深度味道，優雅地進入喉中。可說是為了優雅風度的大人們準備的雞尾酒。

　　順帶一提，在餐廳或酒吧點用香檳基酒的雞尾酒時，最好先問清楚價格。如果在酒單中註明價格還沒有問題，但香檳一旦開瓶之後就無法保存，因此有些店開口要一瓶酒的價格時你也無話可說。價格視品牌而定，但香檳基酒的雞尾酒一般而言價位都偏高。

Mimosa
含羞草

Champagne

酒精度
7度

口味
甘口 ⬤──── 辛口

奢侈地享用
柳橙汁的
頂級幸福雞尾酒

技法 **直接注入**

Recipe

香檳酒·····················2/3
柳橙汁·····················1/3

◎在杯中注入柳橙汁,再注入香檳。

　　Mimosa(銀葉合歡)是含羞草科相思樹屬的常綠樹,花期時黃色的小花盛開到包覆住樹枝。此款雞尾酒的名稱,也是因為在杯中搖動時的鮮豔黃色,像是銀葉合歡花色而來(譯註:Mimosa也是含羞草之意,因此台灣通譯為含羞草)。據說此款雞尾酒原名「Champagne à l'orange」,很受到法國上流人士的喜愛。此款是著名的餐前酒,在全世界都受到喜愛,又有「這世界上最奢侈的柳橙汁」之稱。

　　此款雞尾酒的長飲型「巴克費斯」,是出自英國倫敦的「巴克俱樂部」的雞尾酒。在加了冰的平底杯中加入60ml的柳橙汁,再加滿香檳而成。

酒精度
3度

口味
甘口 ▭ 辛口

紅眼

Beer

健康的啤酒
最適合宿醉後的
第一杯酒

技法　**直接注入**

Recipe

啤酒·····························1/2
番茄汁·····························1/2

◎在杯中注入冰透的番茄汁，再注滿冰透的啤酒後輕輕攪拌。

　　據說紅眼一詞是以宿醉時充滿血絲的眼睛來命名的。大量使用營養豐富的番茄汁，低酒精而美味，看來確實是適合解宿醉的，但宿醉的第二天早晨或許單喝番茄汁會比較適合。

　　湯姆克魯斯主演的電影『雞尾酒』裡，紅眼的名稱並不是來自於宿醉的紅眼睛，而是作加了生雞蛋的解釋。啤酒和番茄汁注入後，加入 Tabasco 和胡椒、Sauce 等，最後放入生雞蛋，這就是"眼睛"，也是真正紅眼的緣由。想增強精力時或許是不錯的選擇，但我不大想喝這種雞尾酒。

冰鎮葡萄酒

Wine Cooler

Wine

酒精度
9度

口味
甘口 ⬤──── 辛口

冰塊和果汁
充滿清涼感的
葡萄酒雞尾酒

技法　直接注入

Recipe

白葡萄酒	90ml
柳橙汁	30ml
柑橘香甜酒	10ml
石榴糖漿	10ml
柳橙片	1片

◎在杯中塞滿碎冰，注入柳橙片之外的材料，攪拌。最後飾以柳橙片。

　　配方使用的是白葡萄酒，但用紅酒或玫瑰紅酒也都OK。葡萄酒加入果汁等材料後塞滿碎冰，就通稱為「冰鎮葡萄酒」。別想得太難，可以多方嘗試使用手邊的材料來調製也很不錯，但是既然稱為冰鎮，當然做出來要有足夠的清涼感。

　　不使用柑橘類的果汁時，稱為「Wine Cobbler」；Cobbler 是「鞋店」「鞋匠」的意思，據說指的是炎夏時鞋匠調製來解渴用的飲料。基酒改為雪利酒時，稱為「Sherry Cobbler」；另外像是白蘭地、威士忌、琴酒、蘭姆酒等，用什麼酒都可以調製。

無酒精
Non-alcoholic

冰鎮薩拉托加

酒精度
0度

口味
甘口 ⬤ 辛口

Non-alcoholic

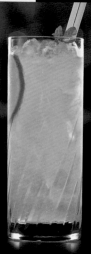

用時髦的雞尾酒
來品味平常熟悉的
薑汁汽水

技法 **直接注入**

Recipe

萊姆汁	20ml
糖漿	1tsp
薑汁汽水	適量
萊姆片	1片
薄荷葉	1片

◎在塞滿碎冰的杯中注入萊姆汁和糖漿，以薑汁汽水加滿，攪拌。飾以萊姆片和薄荷，插入2支吸管。

　　這款雞尾酒，也有「莫斯科騾子」（P.97）去掉伏特加而成的說法，但莫斯科騾子原先的配方，是以薑汁啤酒去稀釋伏特加的。本書中介紹的都是原有的配方，但有不少酒吧使用薑汁汽水，如果是使用薑汁汽水的配方，那的確是在此款中加入伏特加就成為了莫斯科騾子。和朋友去了酒吧卻又不能喝酒之類的情況時，搭配朋友點用莫斯科騾子來點用此款時，也是十分有意思的。

　　薑汁汽水加入了萊姆之後，更增添了清爽的感覺。如果想要更清爽的味道，可以讓調酒師不加糖漿。

灰姑娘

酒精度
0度

口味

甘口 ⬤ 辛口

用雞尾酒杯
享用果味十足的
綜合果汁

技法 **搖盪**

Recipe

柳橙汁·····················20ml
檸檬汁·····················20ml
鳳梨汁·····················20ml

◎將材料搖盪之後，倒入雞尾酒杯中。

　　觀賞調酒師搖盪的姿勢，也是酒吧的樂趣之一。無酒精雞尾酒如果是搖盪方式的，便可以享受到這種樂趣，也更能夠體會到酒吧的氛圍了。

　　灰姑娘是將柳橙、檸檬、鳳梨等3種果汁搖盪之後而成的綜合雞尾酒，有著豐富果味而華麗的味道。說到灰姑娘大家都知道是格林童話中的灰姑娘故事，但此款雞尾酒則讓人連想到魔法變身之後的華美姿態。約會時可以點用，來表示「我12點要回家」的意思（但或許不通…）。

　　可以添加蘇打水成為長飲型的飲料。

Virgin Breeze
純真微風

Non-alcoholic

酒精度
0度

口味
甘口 ⊂⊃ 辛口

不會過甜
像是海風般
清爽的味道

技法 搖盪

Recipe

葡萄柚汁⋯⋯⋯⋯⋯⋯⋯⋯⋯ 60ml
蔓越莓汁⋯⋯⋯⋯⋯⋯⋯⋯⋯ 30ml

◎將材料搖盪之後，倒入加了冰塊
的杯中。

「海上微風」（P.90）去掉伏特加之後的無酒精版
本。由於混合的葡萄柚和蔓越莓都是具有酸味的果
汁，因此甜度較低，後味十分清爽。和正統海上微風
相同，都是和海風十分吻合的清爽味道。

粉紅色的色澤也和海上微風幾無不同，因此酒力不
佳的人可以只在第一杯點用海上微風，第2杯之後都
點純真微風，便可以不會掃了品嘗酒精類飲料朋友的
興，同時又可以控制自己攝取的酒量。僅提供以上
想法作為一個參考，當然，你也可以一開始就喝這無
酒精版本。

佛羅里達

酒精度
1度

口味
甘口 ━━○━━ 辛口

禁酒令下誕生
最具代表性的
無酒精雞尾酒

技法 搖盪

Recipe

柳橙汁	40ml
檸檬汁	20ml
糖漿	1tsp
苦精	2dashes

◎將材料搖盪之後，倒入雞尾酒杯中。

　　此款雞尾酒是1920年代，美國的禁酒令時代創作出，最具代表性的無酒精雞尾酒。就因為加入了微量的苦精，因此吃一顆威士忌酒糖就會醉倒之類，完全不能碰酒精體質的人需要注意。此外，現在加了琴酒的配方也以相同的名稱提供，在酒吧等地點用時應特別注意。

　　製作方式是搖盪，外觀上也和雞尾酒完全相同，因此是一款不會喝酒的人一樣可以享受酒吧氛圍的飲料。此款和一般認為衍生自此款的灰姑娘（P.167）相同，都可以添加蘇打水做成長飲型飲料。

〈北海道〉

カクテルハウス オー・ド・ヴィー
旭川市3条通6丁目右10号　カワイビルB1
☎0166-27-0061／營19:00～翌3:00／休週日

ドゥ エルミタアヂュ
札幌市中央区南3条西4丁目　南3西4ビル10F
☎011-232-5465／營18:00～翌1:00 (假日～23:00)／休週日

2001 Bar Moonlight
旭川市4条7丁目右3号　第3米沢ビルB1
☎0166-27-5050／營18:00～翌3:00／休週日

BAR PROOF
札幌市中央区南3条西3丁目　都ビル5F
☎011-231-5999／營18:00～翌1:30　假日19:00～23:00／休週日

BAR やまざき
札幌市中央区南3条西3丁目　克美ビル4F
☎011-221-7363／營18:00～翌0:30／休週日

〈青森〉

Bar 侍庵
弘前市新鍛冶町9-3
☎0172-33-5139／營19:00～翌2:00／休週日

Fifty Second Bar
八戸市六日町6　ハセビル2F
☎0178-46-4393／營19:00～翌1:30 (週六～翌1:00)／休週日・假日

〈秋田〉

BAR ル・ヴェール
秋田市大町4-1-5
☎018-874-7888／營19:30～翌3：00／休週日 (假日不定休)

〈岩手〉

スランジバール
北上市青柳町2-3-22　ワタリヤビルII5F
☎0197-63-8717／營19:00～翌2:00／休不定休

〈宮城〉

カクテルバー 杜恋想哀（トレゾア）
仙台市青葉区国分町2-10-1　ホテイヤビル1F
☎022-262-9655／🕐20:30〜翌3:30／🈳週日・假日

〈茨城〉

酒工房 ラハイナ
水戸市備前町5-27
☎029-226-5725／🕐19:30〜翌1:00／🈳不定休

〈栃木〉

COCKTAIL BAR TANAKA
宇都宮市泉町2-15　大草ビル1F
☎028-643-4134／🕐19:00〜翌2:00／🈳無休

BAR YAMANOI
宇都宮市江野町2-6　高橋GTビル2F
☎028-637-8011／🕐17:00〜翌3:00／🈳週日

〈埼玉〉

BAR SAKAMOTO
さいたま市浦和区高砂2-3-4
☎048-823-4039／🕐18:00〜翌1:00／🈳週日・假日

〈千葉〉

BAR BAGUS
市川市市川1-7-16　コスモ市川2F
☎0473-26-9532／🕐17:00〜翌2:00（週日・假日18:00〜24:00）／🈳第3週日

〈神奈川〉

バー・グローリー大倉山
横浜市港北区大倉山2-1-11　キャッスル美研1F
☎045-549-3775／🕐18:00〜翌4:00／🈳無休

〈東京〉

絵里香
中央区銀座6-4-14　HAOビル2F
☎03-3572-1030／🕐17:30〜24:00（週六17:00〜23:00）／🈳週日・假日

銀座 TENDER (▶P.175)
中央区銀座6-5-15　能楽堂ビル5F
☎03-3571-8343／🕐17:00〜翌1:00／🈳週日・假日

The Bar 草間 GINZA
中央区銀座7-7-6　アスタープラザビルB1
☎03-3571-1186／🕐18:00〜翌1:00（週六〜24:00）／🈳週日・假日

JBA BAR　洋酒博物館
中央区銀座6-9-13　中嶋ビル3F
☎03-3571-8600／営18:00〜翌2:00 (週六・日・假日〜24:00)／休無休

STAR BAR GINZA　スタア・バー・ギンザ
中央区銀座1-5-13　三弘社ビルB1
☎03-3535-8005／営18:00〜翌2:00 (週六18:00〜24:00)／休週日・假日

スペリオ
中央区銀座7-7-14　東幸ビル2F
☎03-3571-6369／営17:30〜翌3:00 (週六〜23:30)／休週日・假日

Bar Adonis
渋谷区道玄坂2-23-13　渋谷デリタワー9F
☎03-5784-5868／営18:00〜翌2:00／休無休

BAR 酒向 SAKOH
中央区銀座7-12-15　ソーマ銀座ビルB1
☎03-6228-4775／営18:00〜翌2:00 (週六16:00〜23:00)／休週日・假日

BAR Tenderly
大田区大森北1-33-11　大森北パークビル2F
☎03-3298-2155／営19:00〜翌3:00 (日・假日17:00〜翌1:00)／休週二

Bar 三石
中央区銀座6-4-17　出井ビル4F
☎03-3572-8401／営17:00〜翌2:00 (週六〜23:00)／休週日・假日

MORI BAR
中央区銀座6-5-12　アートマスタービル10F
☎03-3573-0610／営18:30〜翌3:00 (週六〜23:00)／休週日・假日

Y&M Bar KISLING
中央区銀座7-5-4　ラヴィアーレ銀座ビル7F
☎03-3573-2071／営18:00〜翌3:00 (週六〜23:00)／休週日・假日

〈愛知〉

ark BAR
名古屋市中村区名駅3-16-22　ダイヤビルヂィング1号館B1
☎052-581-0229／営16:00〜24:00／休不定休

Bar Ron Cana
豊田市竹生町4-10
☎0565-34-5959／営19:00〜翌3:00 (週五・六〜翌5:00)／休週四

〈新潟〉

Jigger bar アガト
新潟市西堀前通8-1511　丸石ビル1F
☎025-223-1077／営19:00〜翌3:00／休週日・假日

〈富山〉

白馬舘
富山市桜町1-3-9　A1ビル2F
☎0764-32-0208／🕐18:00〜24:00／休週日・假日

〈石川〉

BAR SPOON
金沢市片町1-5-8　シャトービル1F
☎076-262-5514／🕐18:00〜翌3:00（週日・假日〜翌2:00）／休無休

〈京都〉

BAR K6
京都市中京区木屋町二条東入ル　東生洲町481ヴァルズビル2F
☎075-255-5009／🕐18:00〜翌3:00（週五・六〜翌5:00）／休無休

BAR K家
京都市中京区六角通り御幸町西入ル　八百屋町103
☎075-241-0489／🕐18:00〜翌3:00／休週二

〈大阪〉

心斎橋コモン
大阪市中央区東心斎橋1-7-9　心斎橋井上ビル1F
☎06-6243-0122／🕐16:00〜翌2:00（假日〜24:00）／休週日

〈兵庫〉

SAVOY hommage
神戸市中央区下山手通5-8-14
☎078-341-1208／🕐16:00〜24:00（週六14:00〜）／休週日

〈岡山〉

ONODA　BAR
倉敷市鶴形1-2-2
☎086-427-3882／🕐18:00〜24:00／休週一

〈広島〉

Bar ウスケボ　Usquebaugh
広島市中区新天地6-1　グランポルトビル6F
☎082-248-4818／🕐18:00〜翌3:00（週日・假日〜24:00）／休第1・3週日

〈香川〉

バー ふくろう
高松市古馬場町7-7　宇野ビル
☎087-823-3925／🕐19:00〜翌3:00／休週日

〈福岡〉

ニッカ・バー 七島
福岡市博多区中洲4-2-18　水上ビル1F
☎092-291-7740／營19:00〜翌3:00（週日・假日〜翌1:00）／休無休

Bar Oscar
福岡市中央区大名1-10-29　ステージ1大名6F
☎092-721-5352／營18:00〜翌4:00／休週日

BAR 倉吉 中洲店
福岡市博多区中洲2-6-7　エレガンスビル6F
☎092-283-6626／營19:00〜翌4:00／休週日・假日

〈大分〉

Bar CASK
大分市都町3-2-35　山下ビル2F
☎097-534-2981／營19:00〜翌3:00／休無休

〈長崎〉

カクテル&ショット トミオ
長崎市銅座町7-8　タシロ帽子2F
☎095-823-9111／營18:30〜翌1:00／休週日

〈熊本〉

Bar STATES
熊本市花畑町13-23　クボタビル4F
☎096-324-9778／營18:00〜翌2:00／休週日

〈鹿児島〉

ショットハウス ハイ・ブリッジ
鹿児島市山之口町6-8　畠田ビル2F
☎0992-25-1911／營19:00〜翌3:00（週日・假日〜翌1:00）／休無休

〈宮崎〉

BAR-MALT's
宮崎市橘通西3-4-9
☎0985-27-0350／營19:00〜翌1:00／休週日

〈沖縄〉

Bar 坂梨
那覇市久茂地3-12-4　ラフテビル3F
☎098-861-6170／營19:00〜翌4:00／休週三

Bar DICK
那覇市牧志1-1-4　高良ビル3F
☎098-861-8283／營19:00〜翌3:00（週五・六・假日前日〜翌5:00）／休無休

銀座 TENDER

被譽為「調酒師先生」，聞名全球酒吧業界的上田和男氏（本書監修）擔任經營者兼調酒師。沒有多餘動作又充滿氣力感的動作搖盪出來的雞尾酒，有著絲絨般的氣泡，表面浮著細細的冰粒。這在上田氏強烈搖盪下做出的高酒精度雞尾酒，入口後卻有著柔順而優雅的口感，令人驚豔。

具有高級感的沉穩氛圍裡，好好享用頂級的雞尾酒。

DATA

地址：中央区銀座 6-5-15　能楽堂ビル 5F
TEL：03-3571-8343
營業時間：17:00～翌 1:00
公休日：週日・假日
最近車站：東京地下鐵銀座站 B9 出口步行 2 分

MEMO

馬丁尼 1600 日圓、琴蕾 1600 日圓、側車 1900 日圓、琴湯尼 1400 日圓、代基里 1500 日圓、獨創雞尾酒 1600 日圓～、入場費 1600 日圓、服務費 10%

	短飲	長飲
紅	傑克玫瑰（P.42） 櫻花（P.46）	西班牙魔鬼（P.120） 金巴利蘇打（P.135）
粉紅	柯夢波丹（P.88） 巴卡蒂（P.111）	海上微風（P.90） 破冰船（P.118）
橙色	天堂樂園（P.74） 瓦倫西亞（P.144）	龍舌蘭日出（P.123） 禁果（P.145）
黃	加勒比（P.104）	鬥牛士（P.125）
紫	藍月（P.77）	紫羅蘭費斯（P.143）
藍	M-30 雨（P.85 ☆） 海藍寶石（P.119）	墨西哥灣流（P.87） 中國藍（P.142）
綠	仿聲鳥（P.128） 冰鎮薄荷（P.146）	綠寶石冰酒（P.62）
白	雪白佳人（P.79） 金色凱迪拉克（P.137）	神風特攻隊（P.86）
透明	吉普森（P.60） 馬丁尼（P.61）	加冰塊伏特加馬丁尼（P.84）

※雞尾酒大分為「短飲型」和「長飲型」二種。以冰塊冰涼之後倒入雞尾酒杯中的短飲型，通常是在短期間內飲用的飲品；而倒入平底杯或柯林斯杯等大杯子裡的長飲型，則是多花些時間慢慢飲用。

※☆符號表示是監修上田和男獨創的雞尾酒。

去到酒吧後點用的都是相同的雞尾酒，相信這種人應該有不少。當然，喝慣的、喝自己喜歡的雞尾酒不是壞事，但如果偶而想要喝些不同的雞尾酒時，或許可以試著用顏色來選擇也別有趣味。一起去酒吧的同伴，如果不熟悉雞尾酒名，或是不知道該點哪一款時，如果能夠推薦搭配他身上的寶飾或服裝顏色的雞尾酒，那就再合適不過了。

搭配服飾之外，像是生日約會時，事先查好搭配誕生石顏色的雞尾酒也很貼心。只要按照顏色先記住幾款雞尾酒名，就可以在很多場合裡發揮功效。左圖的表內舉的只是少許的例子，但請務必作為點用的參考。

除了顏色之外，比較容易記住雞尾酒的方式，還有調製方法產生的名稱差異，像是有「沙瓦」名稱的就是有檸檬酸味的雞尾酒；「冰酒」就是加了酸味和甜味，再以碳酸飲料稀釋的雞尾酒等。費斯、柯林斯、巴克、蘇打等，很多雞尾酒的名稱本身就代表著調製的方法，就算沒喝過，但只要看名稱就大致可以想像出完成後的口味。

此外，慶賀或是浪漫的約會時適合飲用香檳基酒的雞尾酒；想要一個人享受鐵血硬漢般感覺時，就來杯「吉普森」等的辛口短飲型雞尾酒；像是第 1 杯點有氣泡的酒而第 2 杯則是烈些的短飲型酒，先確定好自己喜歡的雞尾酒喝法之後，到了酒吧時，就可以自在地享用多采的雞尾酒世界了。

索引

上田和男（Ueda Kazuo／監修）

1944年出生於北海道厚岸郡茶內。1966年進入株式會社東京會館，踏出了調酒師的第一步。1974年進入了株式會社資生堂PARLOUR，任職Bar L'OSIER店長兼首席調酒師。之後，參加過無數次雞尾酒大賽並得獎；1995年，出任株式會社資生堂PARLOUR董事兼首席調酒師。從長年服務的資生堂PARLOUR離開之後，1997年開設「銀座TENDER」，現在則以經營者調酒師身份站在吧檯，為客人調製雞尾酒。著作有《雞尾酒BOOK》（西東社‧監修）、《上田和男的雞尾酒Note》（柴田書店）、《雞尾酒手冊》（池田書店）、《雞尾酒技巧》（柴田書店）等。

今福貴子（Imafuku Takako／採訪‧文）
1976年生於神奈川縣，自由作家、編輯。著作有《東京的好店好賓館》（祥傳社黃金文庫）《H的計劃》（共著，Intermedia出版）等。

【人人趣旅行 33】

雞尾酒手帳

監修／上田和男

翻譯／張雲清

發行人／周元白

出版者／人人出版股份有限公司

地址／23145 新北市新店區寶橋路 235 巷 6 弄 6 號 7 樓

電話／(02)2918-3366（代表號）

傳真／(02)2914-0000

網址／www.jjp.com.tw

郵政劃撥帳號／16402311 人人出版股份有限公司

製版印刷／長城製版印刷股份有限公司

電話／(02)2918-3366（代表號）

經銷商／聯合發行股份有限公司

電話／(02)2917-8022

香港經銷商／一代匯集

電話／(852)2783-8102

第一版第一刷／2010 年 10 月

第一版第七刷／2022 年 11 月

定價／新台幣 250 元

雞尾酒手帳／上田和男監修；
今福貴子採訪．文；張雲清翻譯
－－ 第一版 ．－－ 新北市新店區；
人人，公分．－－（人人趣旅行；33）
譯自：カクテル手帳
ISBN 978-986-6435-46-1（平裝）

1.調酒
427.43   99015582

COCKTAIL TECHO
by UEDA Kazuo
Copyright © 2010 UEDA Kazuo
All rights reserved.
Originally published in Japan by TOKYO SHOSEKI CO., LTD., Tokyo.
Chinese (in complex character only) translation rights arranged with
TOKYO SHOSEKI CO., LTD., Japan
through THE SAKAI AGENCY.
Chinese translation copyright © 2022 by Jen Jen Publishing Co., Ltd.